U0153607

科技大透視4

超級戰艦

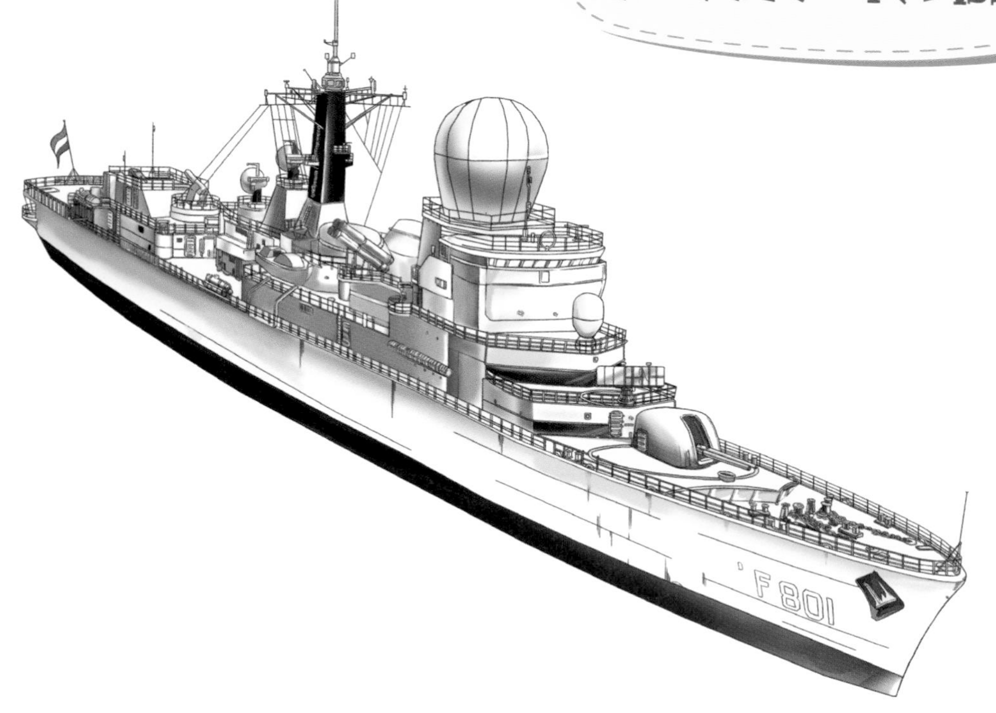

前言

工業科技的發展，大大改變了世界經濟文化的格局。一個現代科技發達的國家，其中一定蘊含了更深厚的科技文明。而這些正是常常樂於動手、動腦的孩子經常困惑的領域，比如汽車爲什麼會自動行駛？飛機爲什麼能夜間飛行？保溫餐盒裡的食物爲什麼不容易變涼？大吊車爲什麼能舉起千斤水泥板？本系列兒少科普繪本關注工業科技領域的基本知識，從各個角度，剖析了上千樣工業產品，從歷史的沿革到當代科技的持續進步，與孩子們一起探索科學的奧祕，分享學習的無限快樂，是一套値得孩子們閱讀的優秀科普讀物。

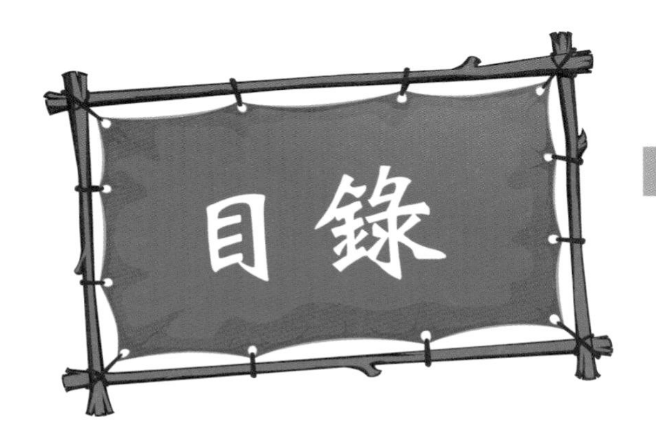
目錄

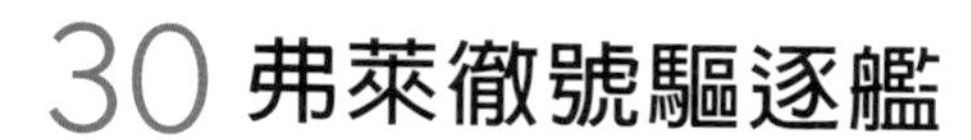
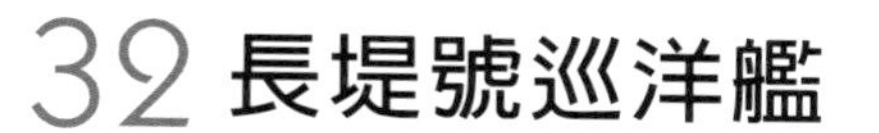

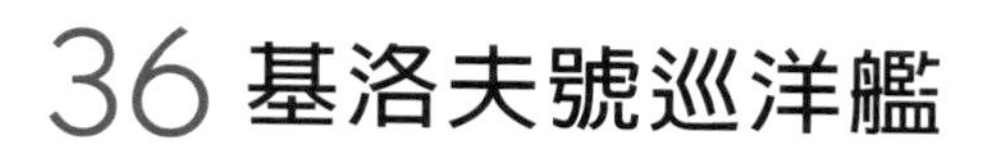

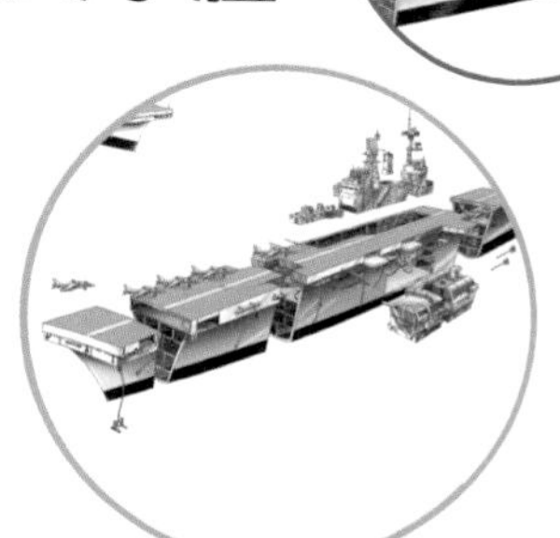

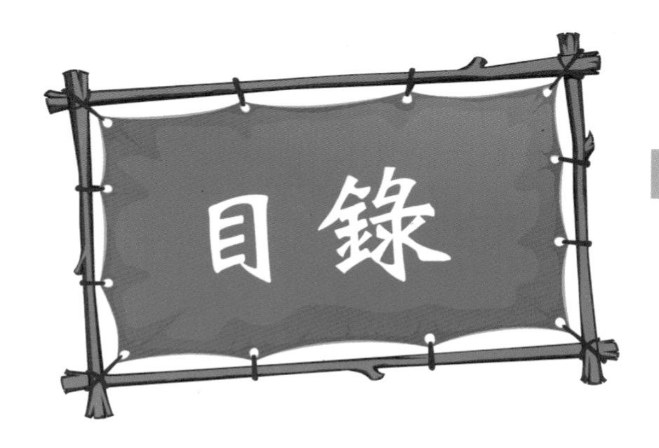
目錄

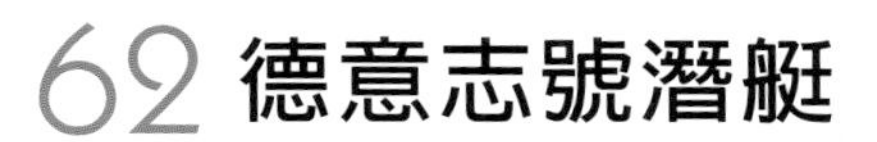

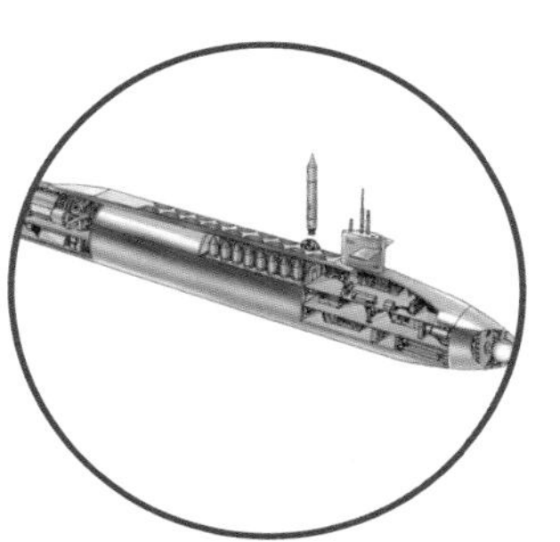

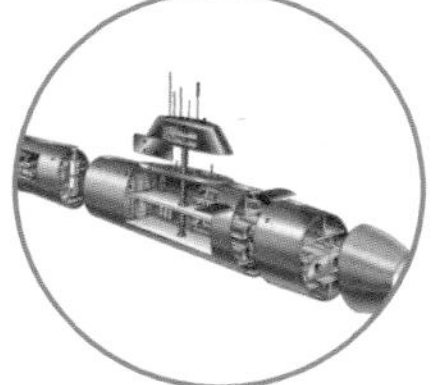

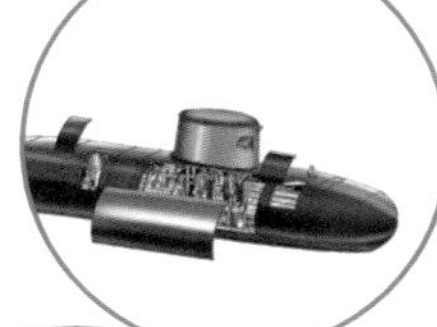

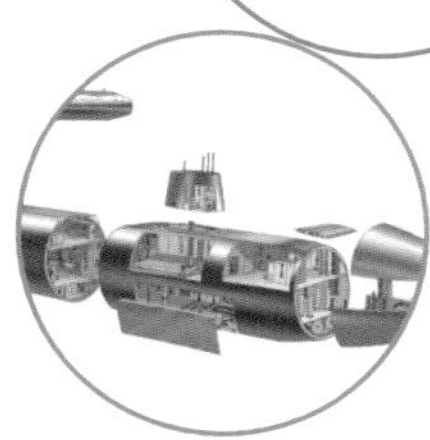

軍艦和潛艦的歷史進展

軍艦和潛艦是海上交戰的重要工具，是衡量一個國家海上軍備實力高低的重要因素。一開始構造簡單、火力微弱，到現在各方面裝備精良，軍艦的發展經歷了幾個非常重要的階段。

軍艦的發展

約西元16年

帆船戰船

約西元16年，軍艦稱為戰船，以槳船為基礎發展而來，故稱為帆船戰船。

約西元前九世紀

雙排槳戰艦

古羅馬時期，羅馬帝國設計的雙排槳戰船，行駛速度比帆船戰船更快，機動性更優越，在地中海大顯威風。

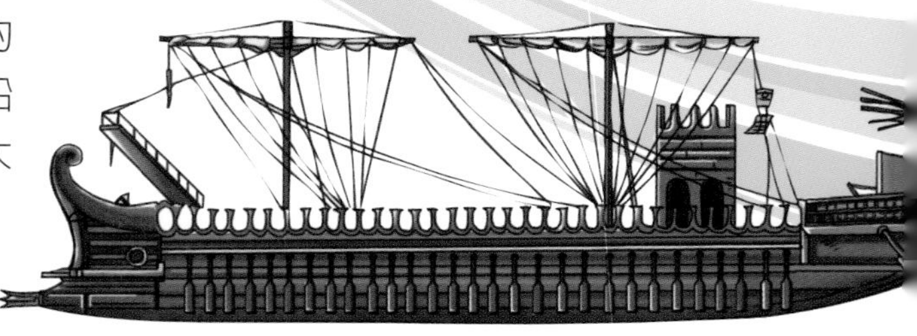

西元十三世紀

「加利」型槳帆戰船

西元十三世紀，「加利」型槳帆戰船誕生它是一種長型戰船，採用三角帆，上部建築有個作戰指揮平臺，稱為戰鬥平臺。在戰船首有個三角形尖船首，用來衝撞敵方戰船。

九世紀初期

蒸汽船時代

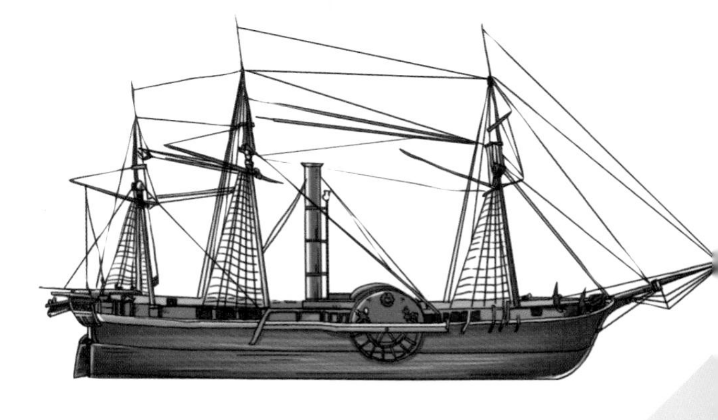

進入蒸汽船時代，英國人設計了用鐵甲覆蓋船身的戰艦，並設計了可以旋轉的主砲，攻擊火力大大增強。

西元1890年

英國君權級戰艦

西元1890年，英國建造的君權級戰艦是各國近代戰艦設計的樣板，它採用了3汽缸直立式三段膨脹往復式蒸汽機，並在暴露於外的火砲加上裝甲外罩，形成了砲塔形式的主流裝備，自此，軍艦進入了大砲巨艦時代。

西元1906年

英國無畏級戰艦

西元1906年，英國成功建造了無畏級戰艦。它採用統一口徑的主砲，大大提高了射擊效果，也減少了副砲，加厚裝甲，可抵擋同級艦主砲的射擊。它是第一艘採用蒸汽渦輪機驅動的主力艦，開創了海軍學術史上巨艦大砲的新時代。

西元 1911 年　英國「不屈號」戰鬥巡洋艦

西元1911年，英國「不屈號」戰鬥巡洋艦誕生，它是一種把戰艦強大的火力，以及裝甲巡洋艦高機動特性結合在一起的戰艦。裝甲和航速都非常優異，但火力方面稍微弱了一點。

西元 1935 年　德國沙恩霍斯特級戰艦

西元1935年，德國建造了沙恩霍斯特號艦，搭載了3架艦載飛機，航速約高達60公里時，有2座威力強大的三聯裝533公釐魚雷發管，在大西洋戰爭中的表現非常出色。

西元 1912 年　航空母艦最早的雛形

英國人將一艘老巡洋艦改裝為第一艘可容納飛機的船隻，即「水上飛機母艦」，這是航空母艦最早的雛形。

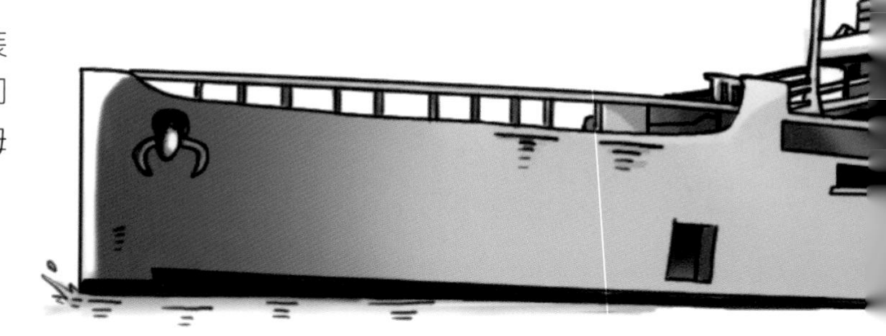

西元 1922 年　「鳳翔」號航空母艦

西元1922年，日本成功建成了世界上一艘航空母艦。它有專供飛機起飛和降落飛行甲板，前後有兩個存放飛機的機庫，存放15架作戰艦載機。此外，它還可以裝大量燃料，續航力近萬海里，在同時期軍中極為罕見。不過，它的動力還是由蒸汽輪機提供。

西元
1975 年

美國核子動力航空母艦尼米茲號

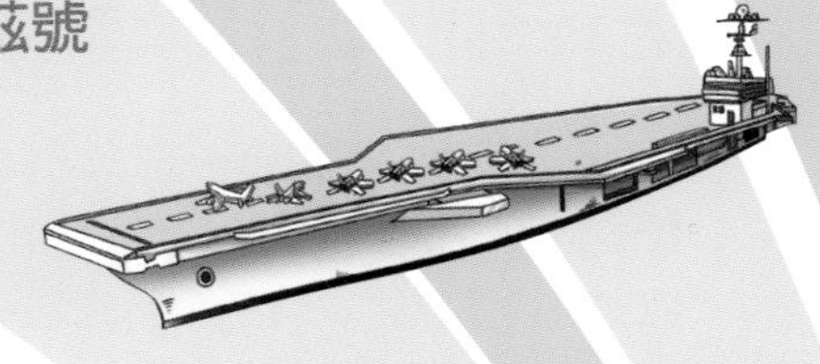

西元1975年，美國海軍中最大的核子動力航空母艦——尼米茲號建成並正式服役。採用了非常先進的技術，甲板面積非常寬廣，攜帶的核燃料可用上13年。是目前世界上排水量最大、載機最多、現代化程度最高的航空母艦，也是繼「企業」號核子動力航母之後，美國第二代核子動力航母。此後，是否能建造出航空母艦，成為一個國家海軍實力的重要根據。

西元
1980 年

基洛夫級核子動力巡洋艦

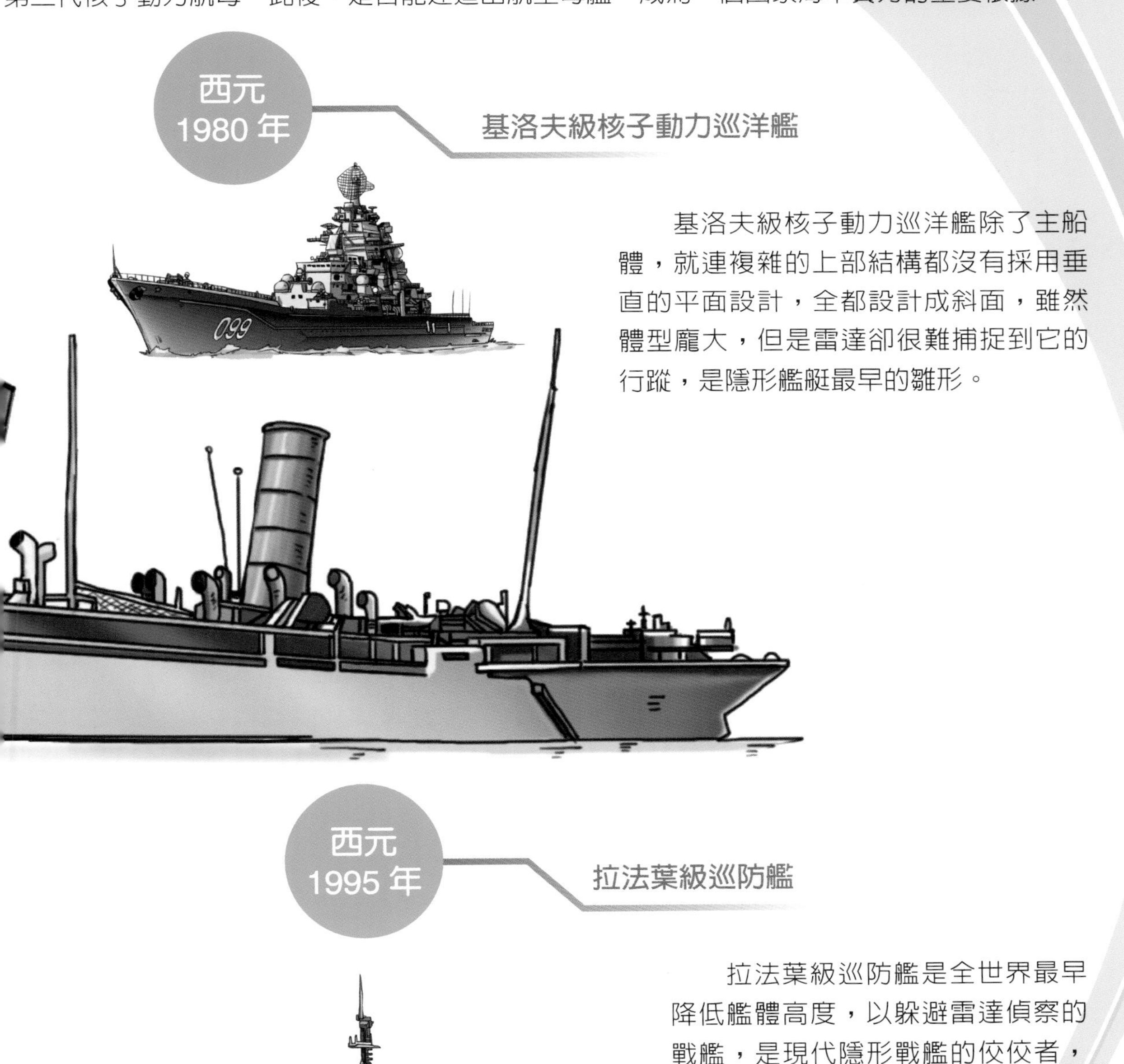

基洛夫級核子動力巡洋艦除了主船體，就連複雜的上部結構都沒有採用垂直的平面設計，全都設計成斜面，雖然體型龐大，但是雷達卻很難捕捉到它的行蹤，是隱形艦艇最早的雛形。

西元
1995 年

拉法葉級巡防艦

拉法葉級巡防艦是全世界最早降低艦體高度，以躲避雷達偵察的戰艦，是現代隱形戰艦的佼佼者，對九〇年代起各國軍艦的設計產生深遠的影響。

潛艇的發展

西元1500年，義大利人達文西最早提出了「水下航行船體結構」的理論，為潛艇的誕生奠定了理論基礎。

西元1620年　第一艘潛水船

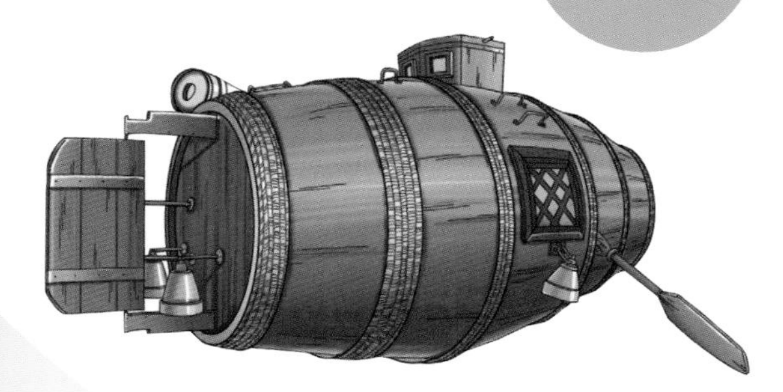

西元1620年，荷蘭物理學家科尼利斯・德雷爾成功製造出人類歷史上第一艘潛水船，它的船體像木桶，外面覆蓋著塗有油脂的牛皮，採用多根木槳來驅動，可載12名船員，能夠潛入水中3～5公尺。德雷爾被稱為「潛艇之父」。

西元1776年　「海龜」艦

西元1776年，美國人布希內爾製造出單人操縱的木殼潛艇，名為「海龜」號。它可潛至水下6公尺，停留時間約30分鐘。艇體外部掛有一個炸藥包，偷偷潛入敵艦底部後，將炸藥包掛在敵艦外殼，就能定時爆破。

西元1801年　「鸚鵡螺」號潛艇

西元1801年5月，法國人富爾頓建造一艘名為「鸚鵡螺」號的潛艇。它的外殼採用銅金屬，框架則是鐵金屬，能潛至水下8～9公尺處。此款潛艇配備的武器是水雷。

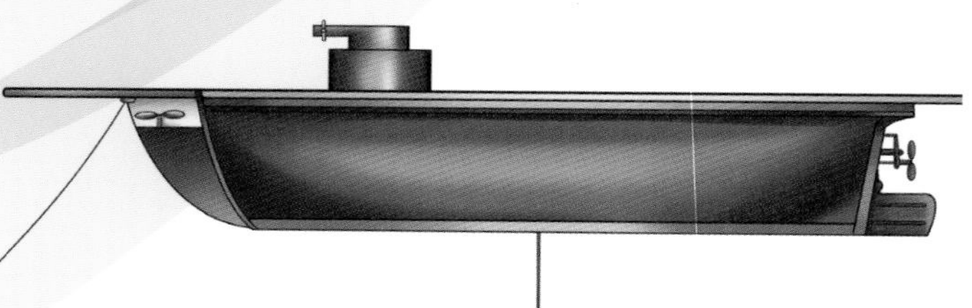

元
3 年

「亨萊」號潛艇

「亨萊」號由鐵鍋爐改裝而成，看起來就像細長的雪茄，依靠手搖曲柄推動潛艇。它的縱向穩定性差，極易縱傾。

西元
1863 年

蒸汽動力潛艇「潛水夫」號

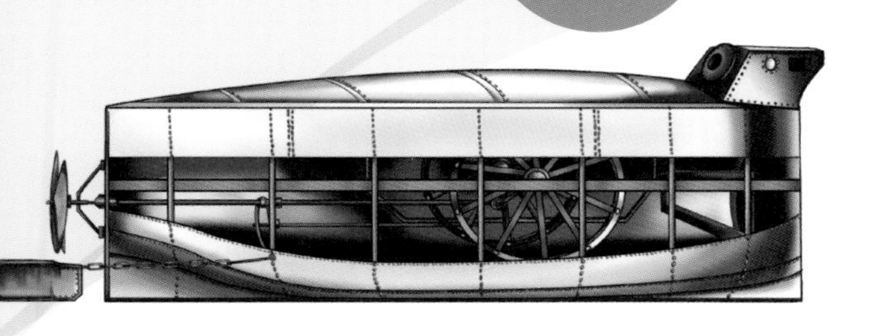

西元1863年，法國建造了一艘名為 「潛水夫」的潛艇，它是第一艘擺脫人力，使用蒸汽動力的潛艇，外形像海豚，可下潛到12公尺深，在水下航行3小時，是二十世紀以前最大的潛艇。

西元
1893 年

「潛水者」號潛艦

西元1893年，霍蘭建造了「潛水者」號潛艦，它使用了「雙推進裝置」，即在水面航行時使用蒸汽推進裝置，在水下航行時採用電動推進裝置，是現代潛艦的雛形。

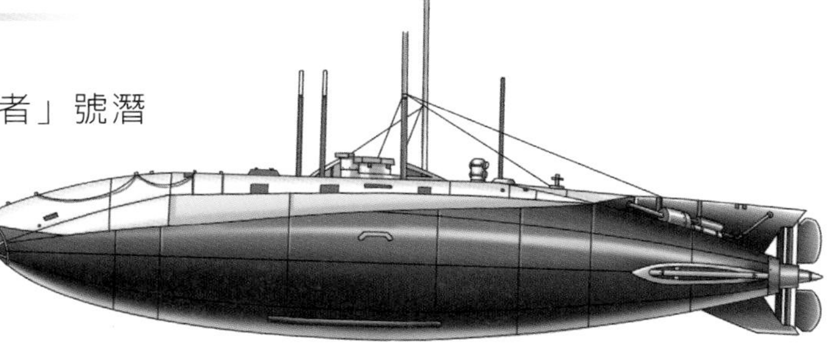

西元
1897 年

「霍蘭」號潛艦

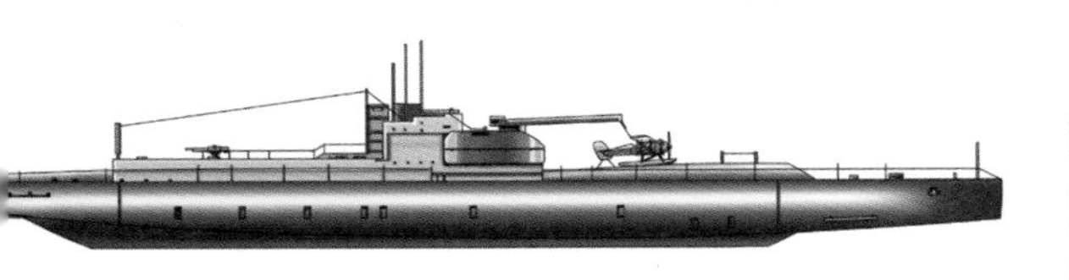

西元1897年，霍蘭又成功建造了「霍蘭」號潛艦。它採用雙推進方式，在水面航行時使用汽油機，在水下潛航時使用電動機，安裝了一具艇艏魚雷發射管和3枚魚雷，另有2門火砲，這些武器需要操縱潛艦自身才能對準目標。

西元
1906 年

德國 U 型潛艦

西元1906年初，德國人建造了U型潛艦。它以柴油機為主動力，航速快，裝備
武器也很豐富。在第二次世界大戰期間，「獵殺」了同盟國無數船隻，造成對方巨
損失。

西元
1954 年

「鸚鵡螺」號

西元1954年，「鸚鵡螺」號成功建成，
長90公尺，排水量2,800噸，最大航速46公里
時，最大潛深為150公尺。「鸚鵡螺」號
同尋常之處在於它的動力來源來自
子反應爐，可以在水下連續航
50天，航程可達3萬海里。
外，艇上還有自導魚雷。

西元
1959 年

「鰩魚」號核子潛艦

「鰩魚」號是美國海軍成功建造的核子攻擊潛艦，排水量小、造價低，它的出現代表美國發展核子潛艦試驗階段已經完成。艦首還配備了6具533公釐魚雷管，艦尾有2具533公釐魚雷管，擁有先進的射控系統。

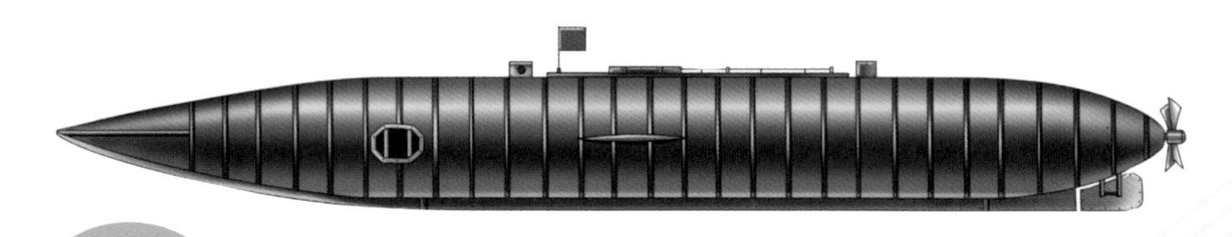

二十世紀
八〇年代

俄國基洛級潛艦

「基洛級」潛艦是俄國最成功的常規潛艦，屬於單軸推進的柴電潛艦。採用淚滴型艦殼，藉由艦體外層的吸音塗料、輪機安裝於減震基座上、機艙採取隔音設施等方法降低潛艦的噪音，是最早注重隱蔽性的潛艦之一。

西元
1990 年

日本「春潮」級潛艦

「春潮」級潛艦由日本研製，安全潛深為300公尺，艦體呈長水滴型，藉由7葉大側斜螺旋槳、敷設消聲瓦、加裝減振浮筏等措施，大大提高了安靜性能。它是世界常規潛艦中最早安裝拖曳陣列聲納系統的潛艦，遠程搜索和攻擊能力都很強。此外，它還安裝了SQS-36型主動攻擊聲納，探測效能顯著。

西元
2013 年

俄羅斯「尤里多爾戈魯基」號

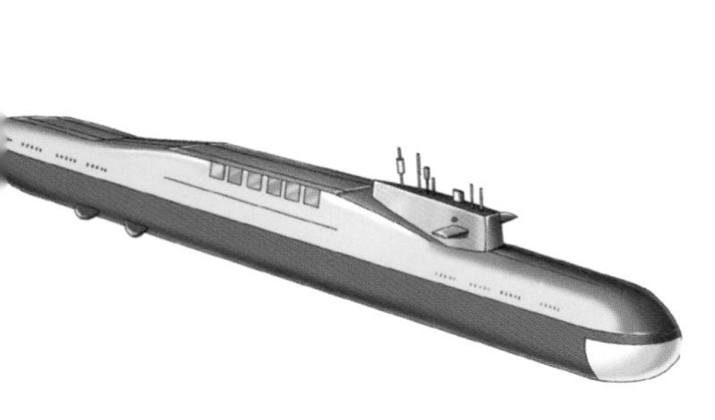

「北風之神」級戰略核子潛艦，屬於第四代彈道飛彈潛艦。首艦「尤里多爾戈魯基」號於2013年正式服役。主動力裝置採用1座OK-650型壓水反應爐、1座汽輪機，動力非常強勁。還擁有兩個低噪音推進電動機，可以在水下低速安靜的航行，也可以在浮冰之下安靜懸浮。另外，還配備了16個飛彈發射筒、16枚「圓錘」洲際飛彈，火力非常強悍。

木質戰船

維多利亞號採用木材製作，一共三層甲板，是世界上服役過的最大木質結構帆船戰艦，也是最後一艘木質主力艦。

火砲武器

核心武器是火砲。主砲甲板上就有32門203公釐的火砲，中部甲板和上部甲板分別安裝了30門203公釐的火砲、32門32磅火砲。船尾甲板上也安裝了20門32磅火砲，以及1門68磅火砲。

維多利亞號戰船

得知法國建造了三甲板的布列塔尼號戰船，英國為了與之抗衡，特別建造了三甲板蒸汽動力戰船——維多利亞號。1864年正式服役於英國海軍，是當時地中海艦隊的指揮艦。

3 獨特的機械裝置

維多利亞號採用兩個煙囪，分別掌管左右船舷，此項設計是維多利亞號最與衆不同的地方。

俾斯麥號戰艦

俾斯麥號是德國為擺脫《凡賽爾條約》嚴格限制海軍發展的規定，而祕密設計的。於1935年開始建造，1940年正式服役。是第二次世界大戰中德國海軍主力艦艦之一。1941年5月24日，俾斯麥號僅用6分鐘就擊沉了英國皇家海軍最大也是最著名的胡德號戰巡洋艦，因此聲名大噪。但是好景不長，三天後，在英國海軍航空母艦、戰艦和巡洋艦的聯合攻擊下沉沒了。

旗幟

飛機

船尾火砲

護欄

船舵

螺旋槳

機械裝置

獨特的平行船舵

俾斯麥號安裝了兩個大型的平行船舵，可以沿中心線進行80°旋轉，在高速下依然具有靈活的反應能力，轉向性能非常優越。

動力強勁

採用3組12個高壓燃油鍋爐驅動渦輪機，最大航速30節，確保在航速19節的情況下，持續巡航8,000海里。

三個指揮所

俾斯麥號設置了三個指揮所，分別位於船首、前桅樓平臺上部和船尾，每個指揮所均有測距儀和雷達，方便全方位觀測敵情和指揮作戰。

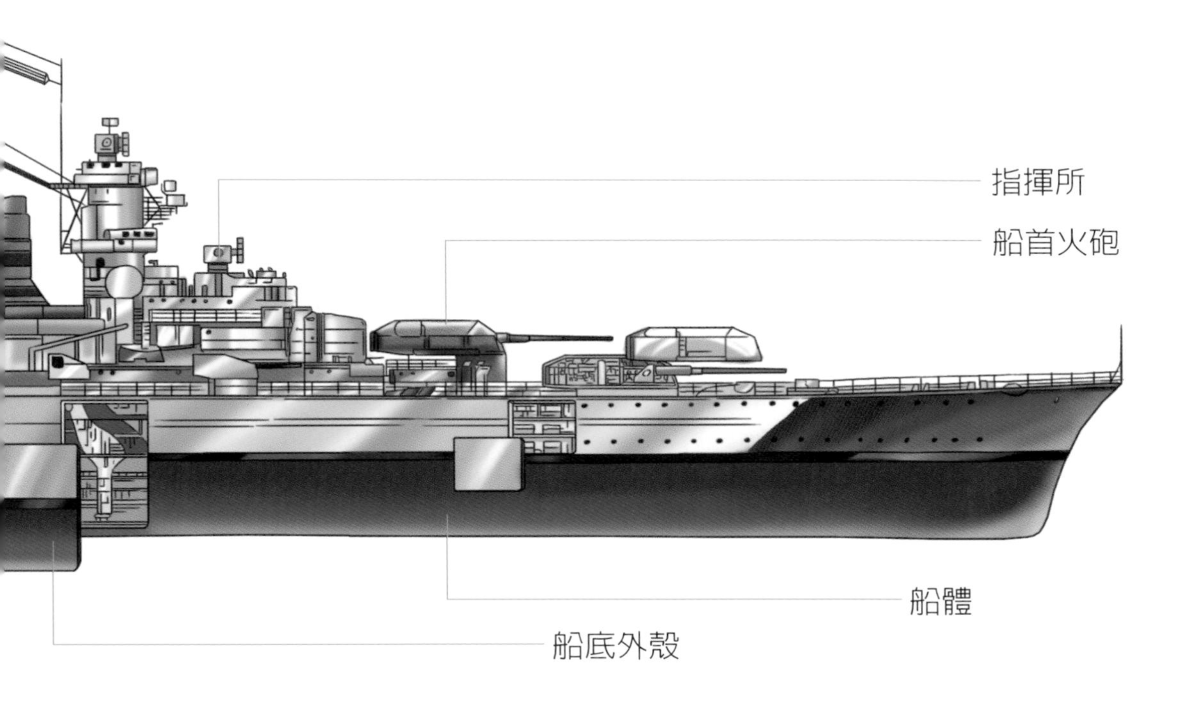

主砲塔

艦首、艦尾甲板都設有主砲塔。主砲可發射威力強大、適合中近距離作戰的穿甲彈，在當時處於領先地位。

沙恩霍斯特號戰艦

沙恩霍斯特號戰艦是德國在二十世紀四〇年代非常重要的戰艦之一。1936年7月30日正式下水。1940年6月8日，擊沉了英國航空母艦光榮號，還強行突破英吉利海峽，從法國布雷斯特港駛回了德國。1943年12月25日，沙恩霍斯特號遭遇以戰艦約克公爵號為首的英國艦隊攔截，被英艦擊沉。

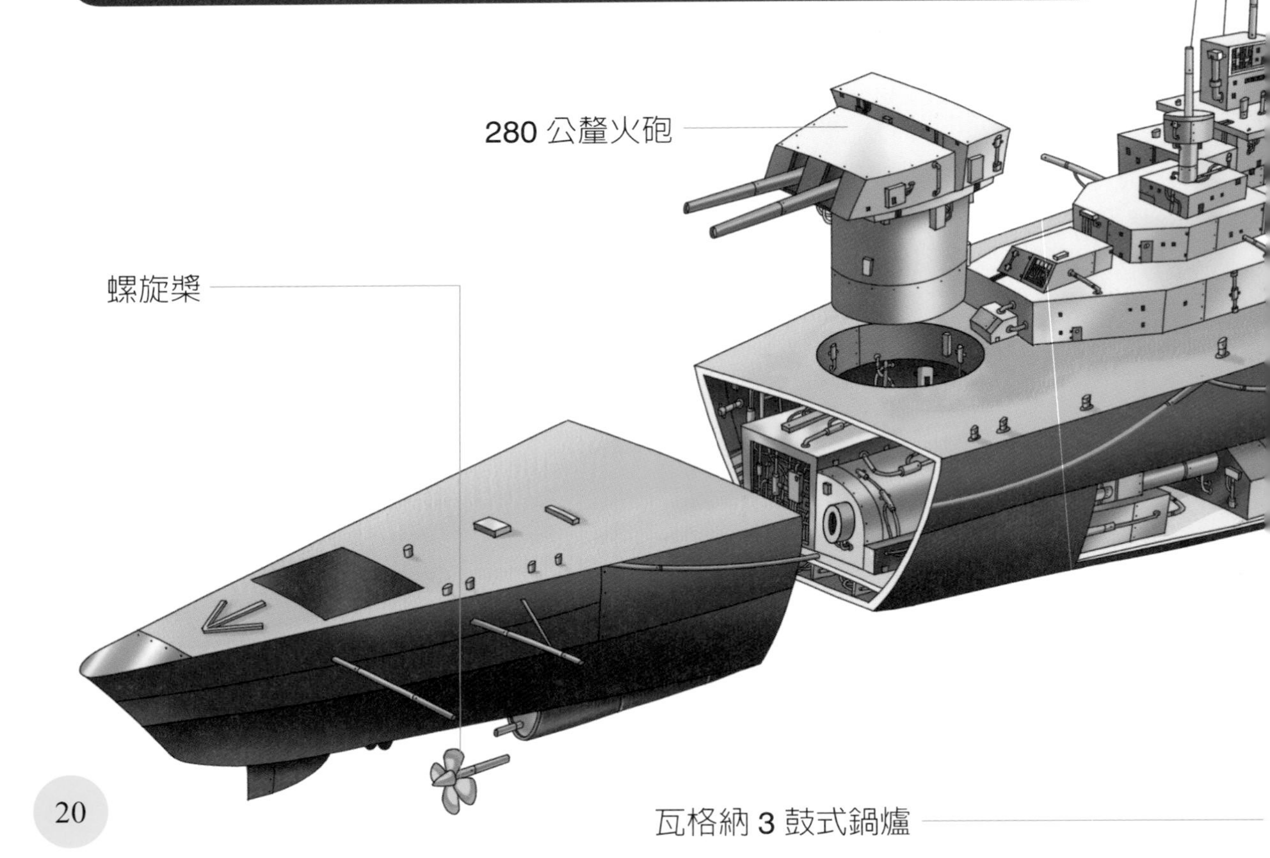

馬力強大

在特別強調軍艦速度的情況下設計，有三臺高溫高壓的齒輪渦輪機，由12個鼓式鍋爐提供動力，總功率可達161,163馬力，最高航速接近32節。

武力裝備

沙恩霍斯特號戰艦原計劃要安裝3門雙聯380公釐火砲，由於二戰前的限制與戰爭爆發後的情勢，實際上的配備是9門280公釐主砲。

航程遠

燃料艙能裝下重達6,200噸的燃料，航程可達18,710公里。

大和號戰艦

1941年12月16日，大和號編入日本聯合艦隊，是日本聯合艦隊的指揮艦，更是人類歷史上最大的戰艦，被稱為「世界第一戰艦」和「日本帝國的救星」。它多次參與戰爭，在萊特灣海戰期間，遭遇6艘美國戰艦圍攻，最終成功脫險。一年後，在鹿兒島西南130英里的地方被美國航空母艦擊沉，結束了短暫但璀璨的一生。

1 水下聽音器

艦首水位下約3公尺處呈球狀，裡面有水下聽音器，類似於今天的艦首聲納。

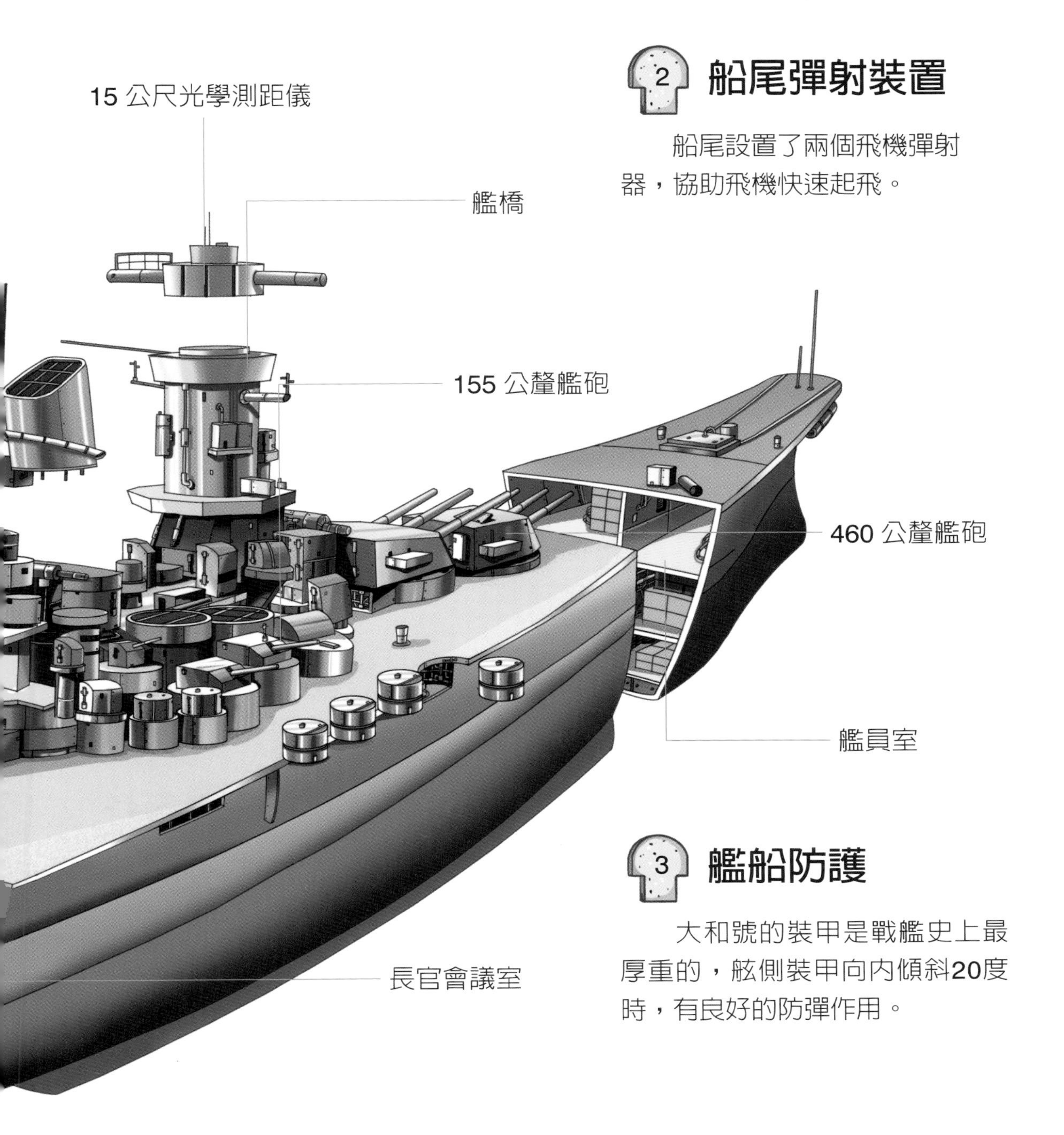

2 船尾彈射裝置

船尾設置了兩個飛機彈射器，協助飛機快速起飛。

3 艦船防護

大和號的裝甲是戰艦史上最厚重的，舷側裝甲向內傾斜20度時，有良好的防彈作用。

4 強大的武器裝備

最大的特點就是武器裝備強大。主砲塔重達2,818噸，配備的460公釐的火砲，可以在1分鐘內發射兩枚1,473公斤重的炸彈，射程達41,148公尺。此外，它還攜帶了7架飛機，配備了24門127公釐、167門25公釐的防空砲，火力非常強悍。

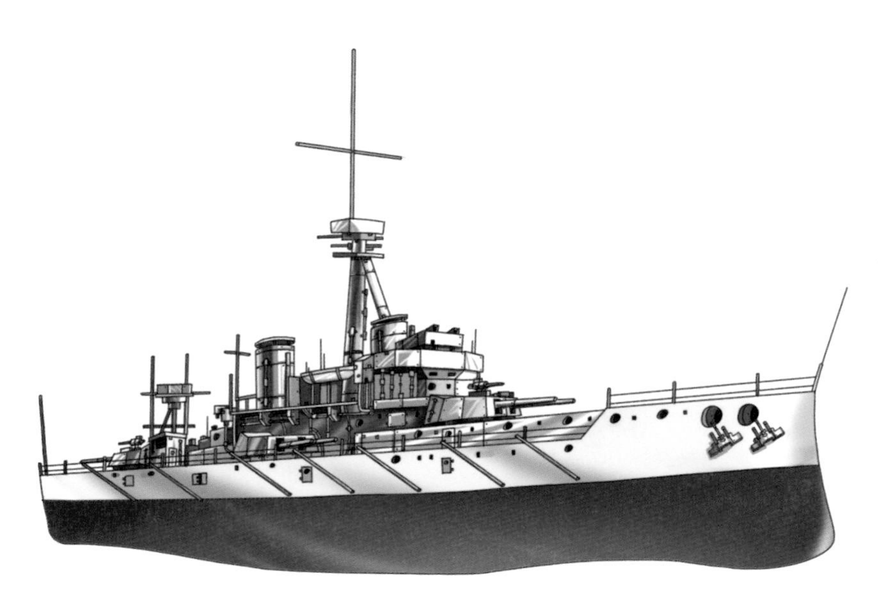

1 蒸汽渦輪機

無畏號安裝了18臺三段膨脹往復式蒸汽鍋爐，4臺帕森斯蒸汽渦輪機組，一共22,500馬力，最高航速21節以上。

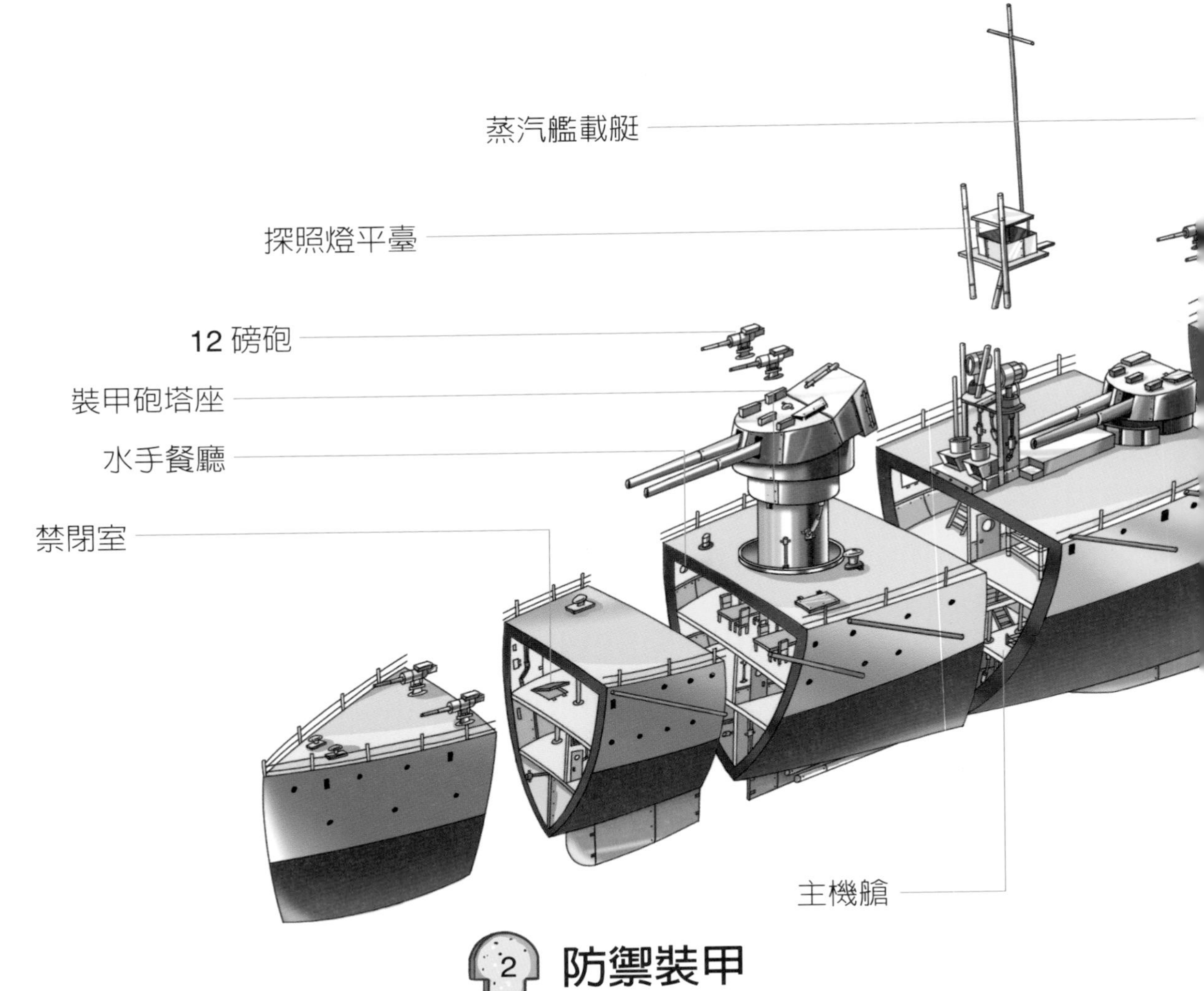

2 防禦裝甲

無畏號裝甲總重量約5,000噸，裝甲鋼表面經過硬化處理，強度和防抗穿透性明顯提高。

無畏號戰艦

無畏號戰艦是世界上第一艘採用蒸汽渦輪機的主力艦，使舊式的桅杆高聳的風帆艦成為歷史，標誌著蒸汽機為動力的戰艦時代到來了。無畏號由英國皇家海軍設計製造，1907年年底正式服役。第一次世界大戰中，無畏號於1916年3月18日在北海海域撞沉過德國U29號潛艦，1919年後退役。

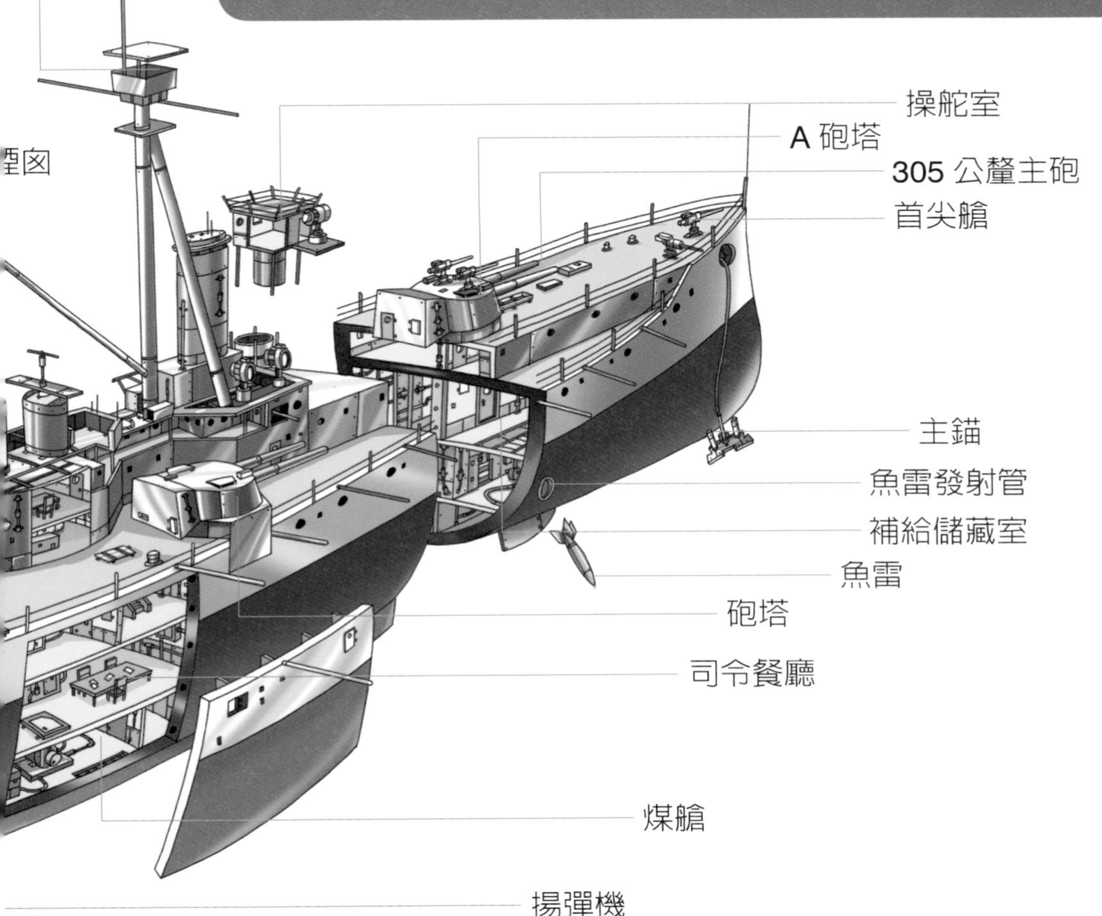

3 射擊指揮儀

1915年第一次世界大戰期間，無畏配備了射擊指揮儀系統，即安裝在前指揮塔中的火砲瞄準裝置，它可以計出攻擊目標的方位和距離，指揮艦上門305公釐火砲瞄準射擊，是當時非常進的技術。

4 全重型火砲

與同時代其他戰艦採用不同口徑的主砲不同，無畏號全部採用統一口徑的10門305公釐主砲。其中艦首和艦尾各設一門主砲，其餘8門主砲分列於兩側船舷，大大提高了防禦和進攻的能力。

哥薩克人號驅逐艦

哥薩克人號是英國在二十世紀三〇年代建造的「部落」級驅逐艦，自1938年服役來，參加過多次軍事行動，如1940年2月，從德國油船「阿爾特馬克」號上成功營救出英軍戰俘，名聲大震。次年5月，它參加了圍攻德國俾斯麥號的行動，並協助其他艦艇將其擊沉。遺憾的是，5個月後，它在執行一項護航任務途中，被德國的U-563潛艦發射的魚雷擊中，幾天後不幸沉沒。

獨特的雷達安裝位置

哥薩克人號將新增加的286M防空雷達線安裝在桅杆上，大大提高了防空能力。

先進的射控電腦

安裝了測距儀，在對海／陸攻擊時，測距儀只有測距功能，而在對空射擊時則兼負瞄準射擊的工作。

強悍的火砲系統

哥薩克人號是第一艘將重點放在火砲，而非魚雷上的英國驅逐艦。船上安裝了馬克VII型火砲，火力強悍。

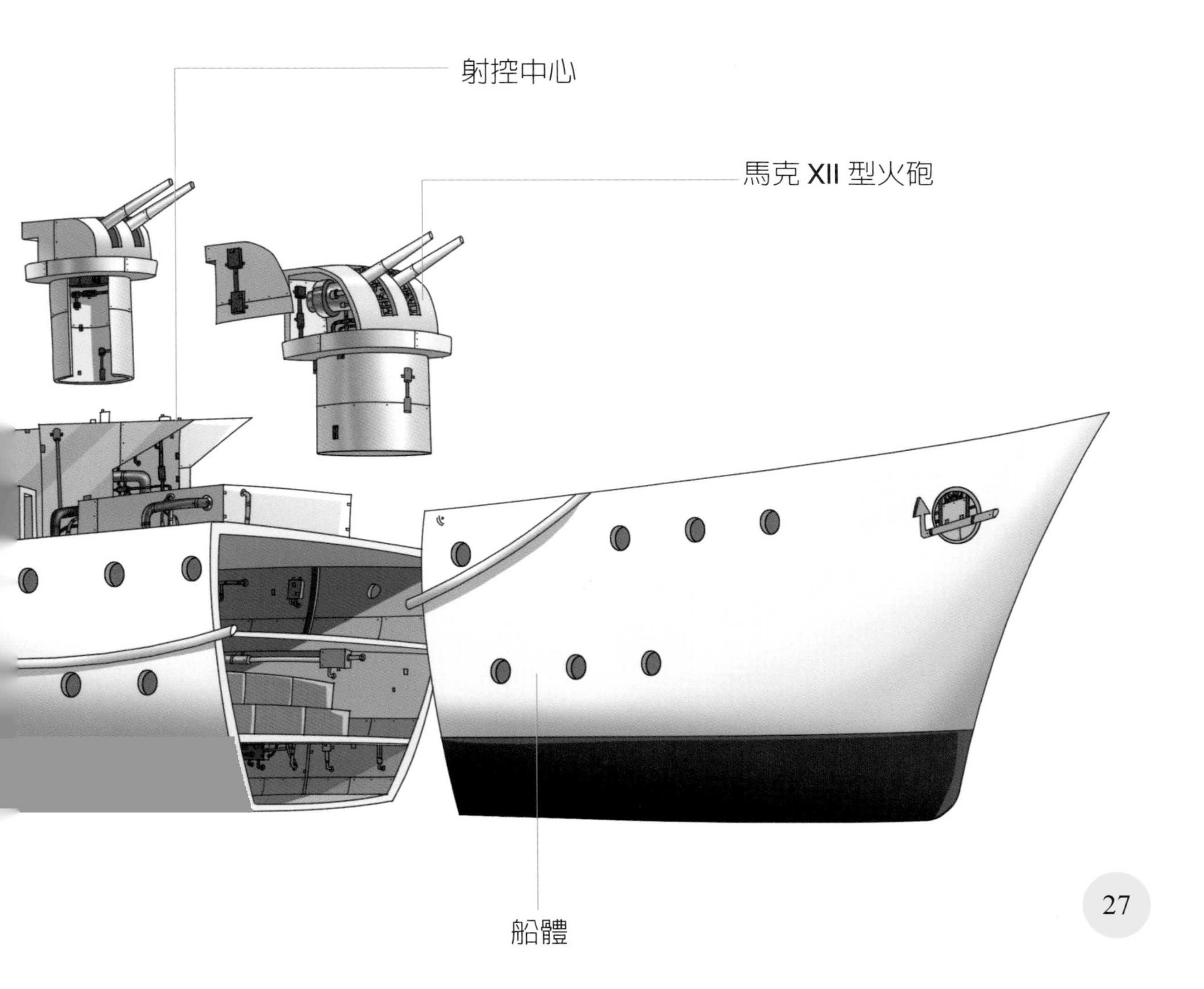

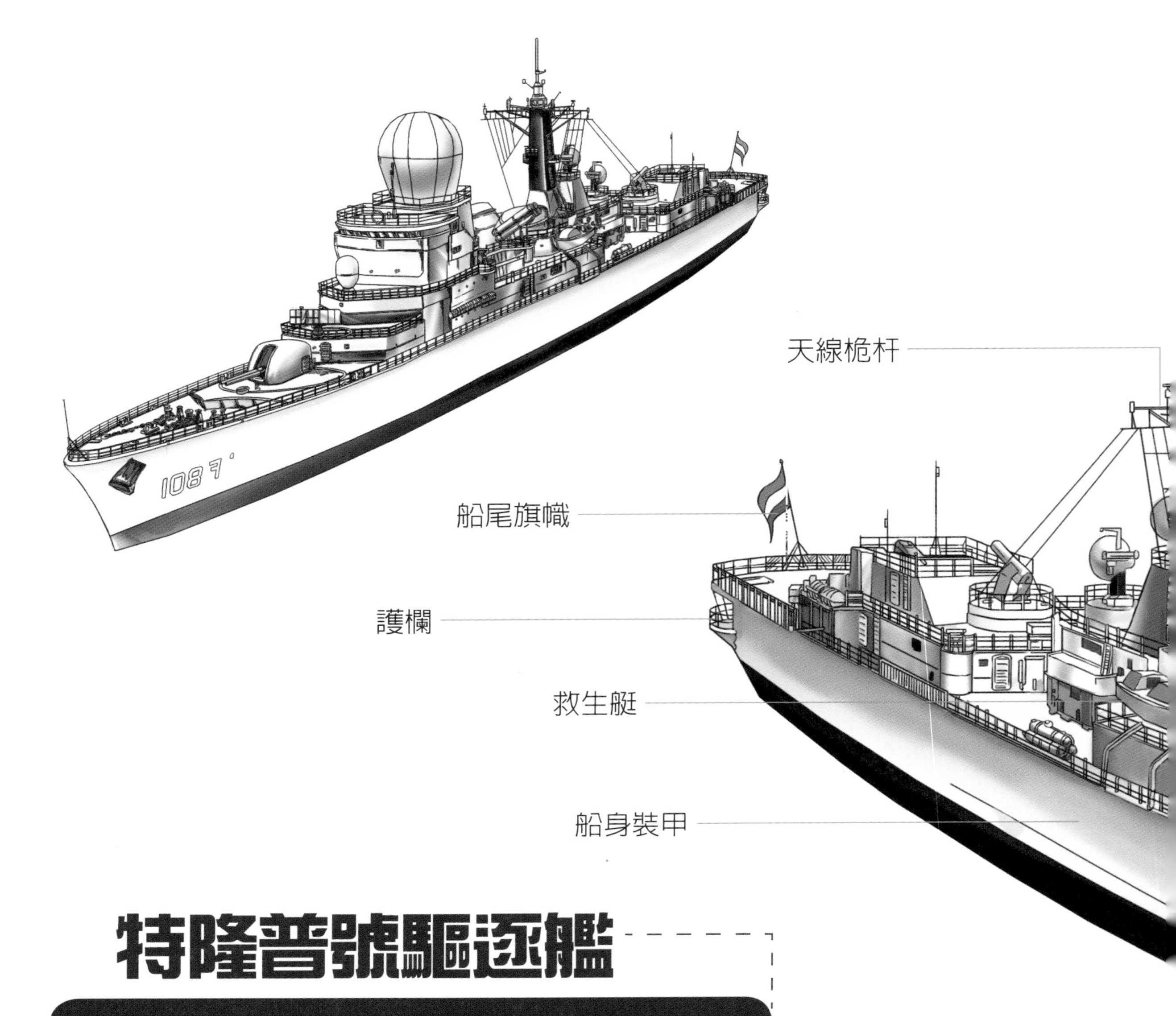

特隆普號驅逐艦

特隆普號是荷蘭二十世紀七〇年代著名的驅逐艦，它與德魯伊特爾號驅逐艦是北約兩支特遣艦隊的指揮艦，在東大西洋等地執行任務。它們是當時荷蘭最大的多功能飛彈驅逐艦，武器裝備強大且多樣。

海麻雀飛彈發射器

安裝了「海麻雀」飛彈的發射器，有60枚飛彈。「麻雀」是一種全天候近距離、低空艦載的防空飛彈，主用於對付低空飛機、直升機和反艦飛彈，可以進行近距防空和反飛彈防禦，這也使得特隆普號成為戰略飛彈巡艦。

 武裝力量強悍

有「魚叉」反艦飛彈發射架、三聯裝MK32魚雷發射器等武器，在1993年，船上又加裝了8枚奧托馬地對地飛彈，火力強悍。

3 三維多重目標搜索雷達

1985～1988年，特隆普號進行改裝，加裝了維多重目標搜索雷達，能讓武器更精準地射中標，對於發射的控制也更加方便。

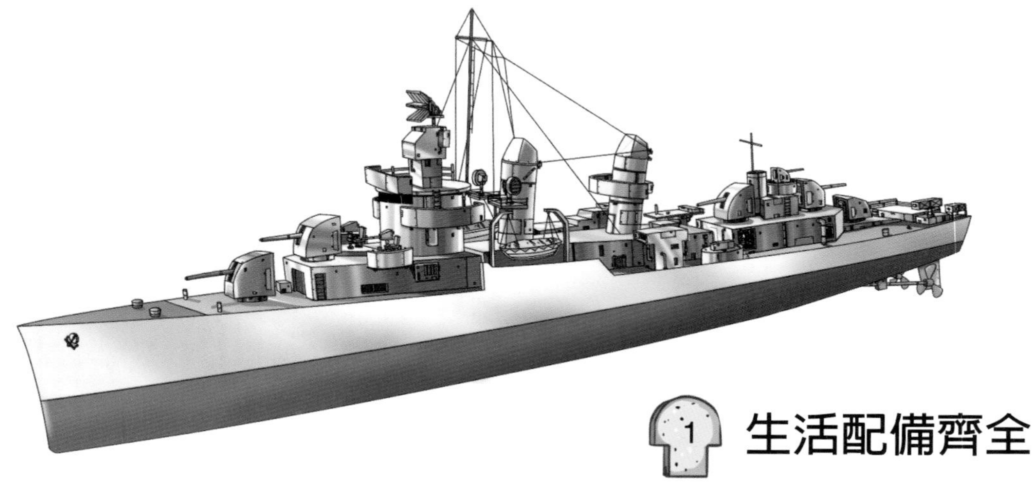

1 生活配備齊全

中甲板室有洗衣房和廚房，洗衣房內有衣機、烘乾機、熨衣板、晾衣架等設備，廚家電，例如：烤箱、燒烤架、油炸鍋等也一俱全。

更引人注意的是，船員們用餐後的餐具，居然統一由自動洗碗機清洗。弗萊徹號算是當時居住環境最為舒適的驅逐艦。

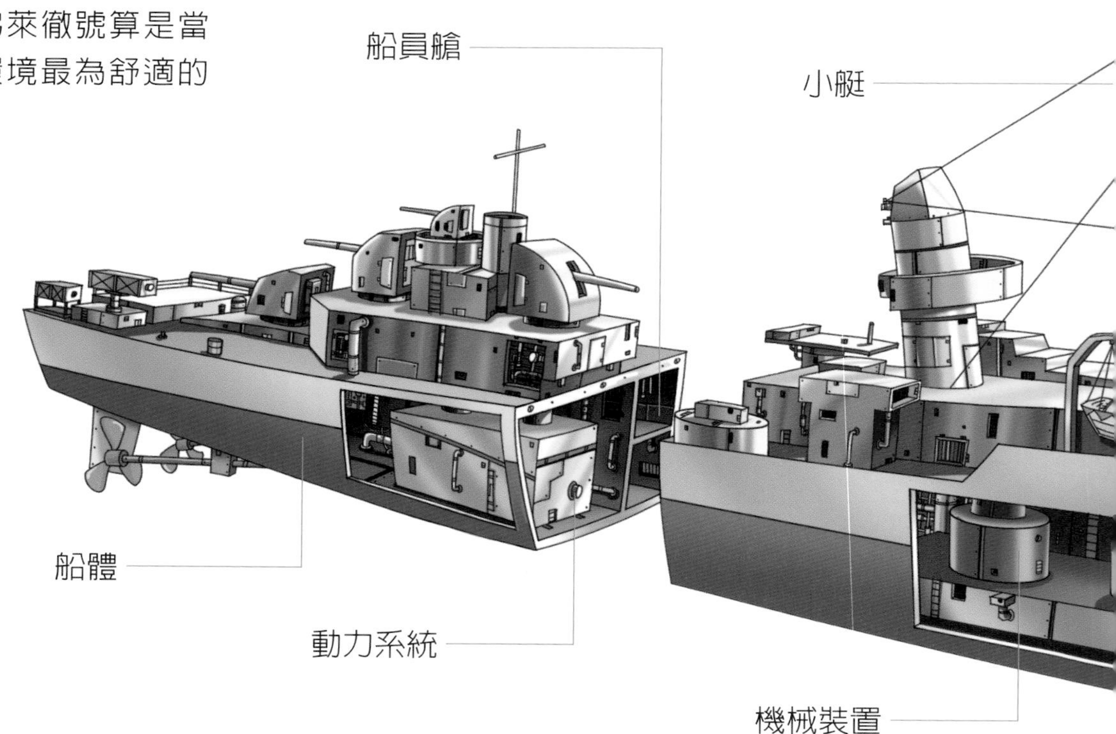

平板型船型

船型設計又回到了平甲板船型的路線，即主艙室在艦體前部或後部，大大緩解船體頭重腳輕的情況，提高了船隻的穩定性。

弗萊徹號驅逐艦

弗萊徹號是美國175艘弗萊徹級驅逐艦的首艦，誕生於二十世紀四〇年代追求高航速的時期，因其航速快，材質輕，也被人冠以「海上輕騎兵」的稱號。弗萊徹號在第二次世界大戰期間表現非常出色，獲得了15枚戰鬥之星勳章，戰後歲月又獲得5枚。它是美國最成功的驅逐艦之一，直到1967年才退役。

3 航速高

採用兩座高性能蒸汽渦輪機和四臺燃油鍋爐，加上雙軸雙槳推進，大大增加了主機的輸出功率，提高了航速。航速與航空母艦不分上下，高達70公里／時。

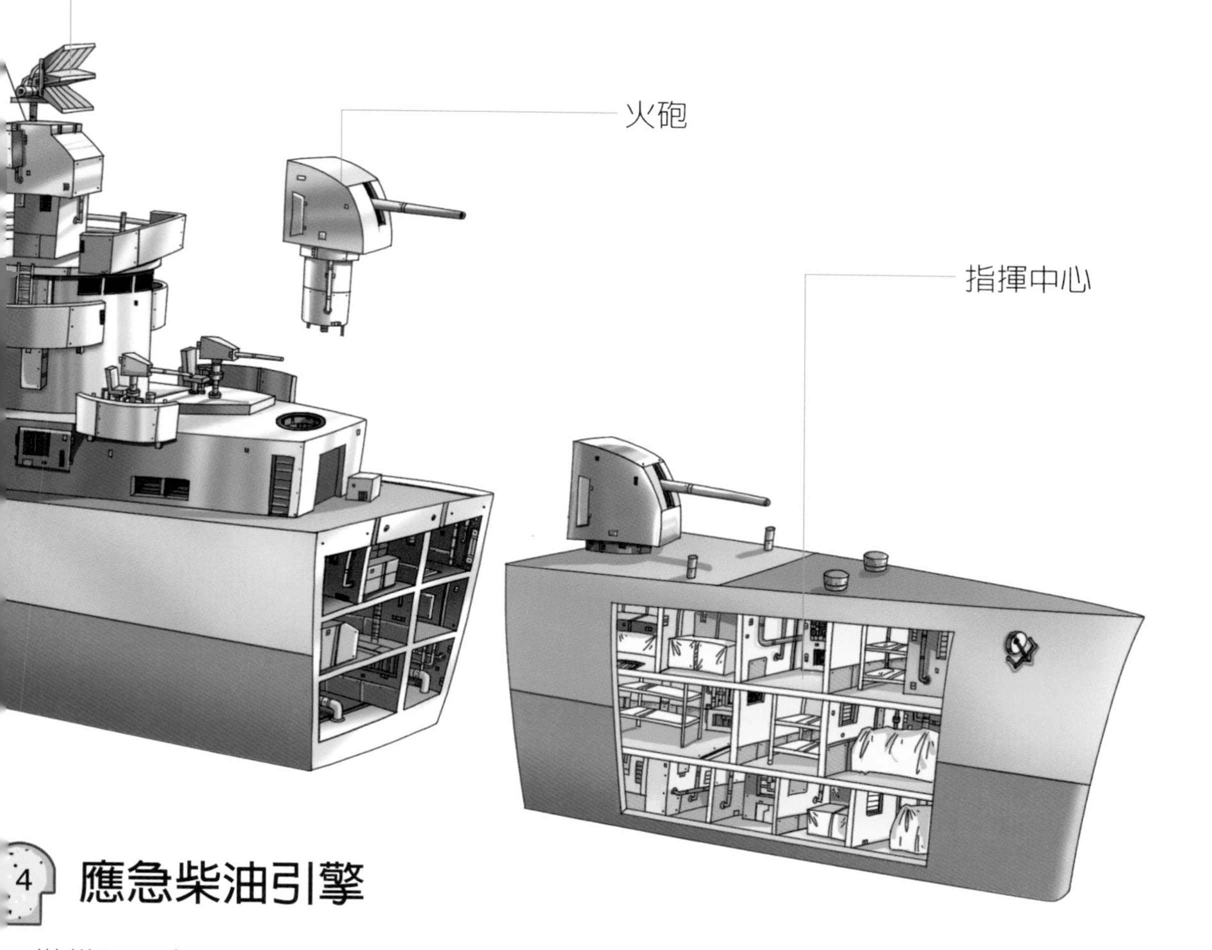

4 應急柴油引擎

裝備了一臺100千瓦的柴油引擎，喪失動力可提供應急電力。

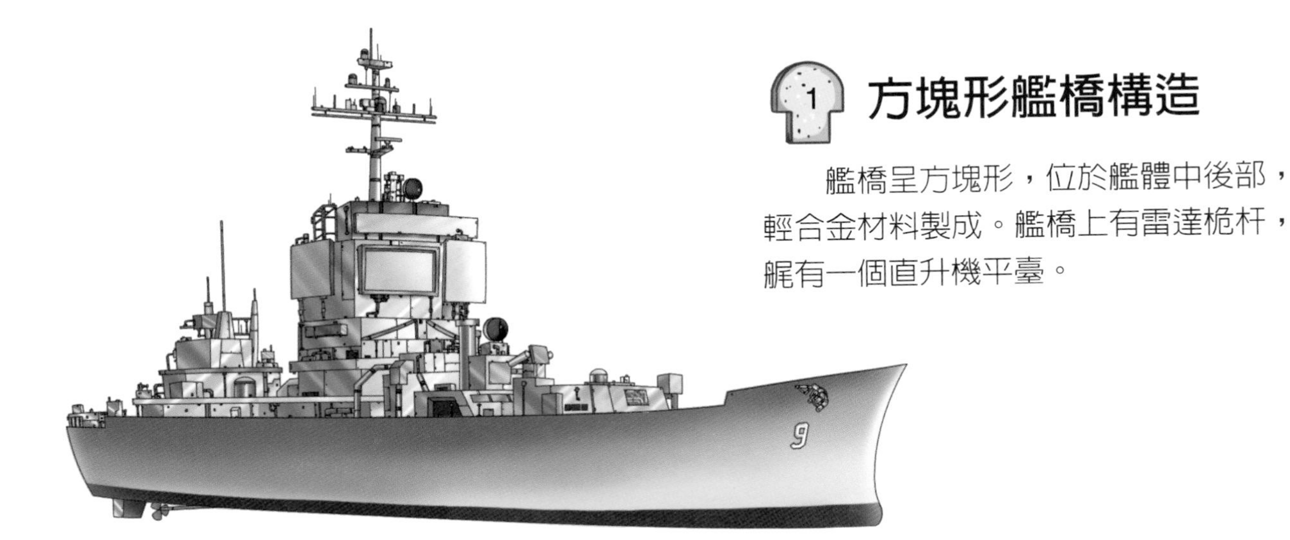

方塊形艦橋構造

艦橋呈方塊形，位於艦體中後部，
輕合金材料製成。艦橋上有雷達桅杆，
艉有一個直升機平臺。

長堤號巡洋艦

長堤號艦艇是世界上第一艘核子動力巡洋艦，是美國自1945年以來最大的巡洋艦。它於1961年9月建造成功，一直服役到1994年。船體極為細長，1968年在越南北部水域擊落過兩架米格戰鬥機，是歷史上海軍軍艦使用對空飛彈成功擊落戰鬥機的先例。

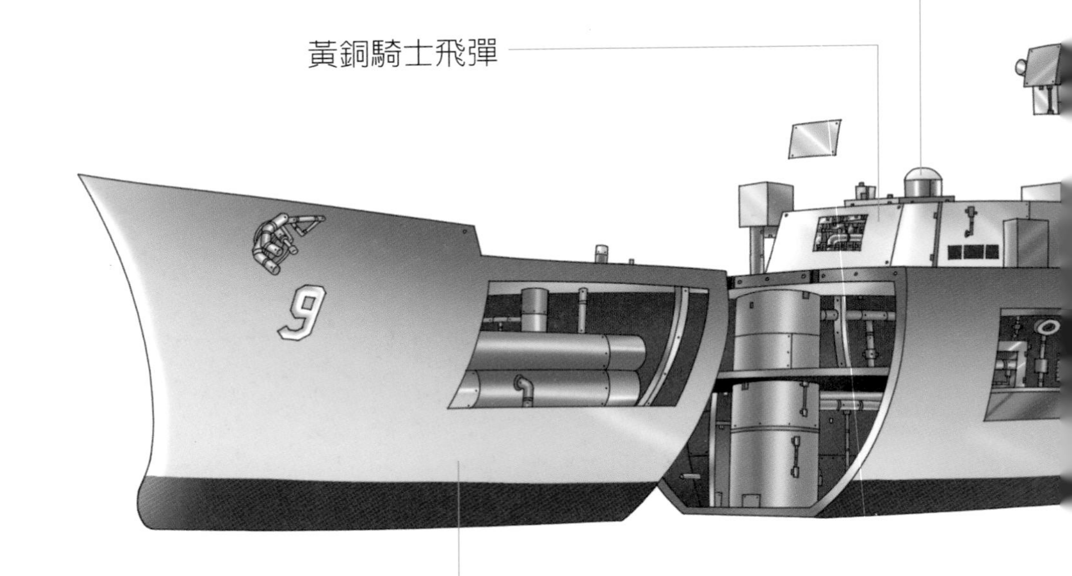

2 純飛彈武裝

早期的長堤號以飛彈為主要武裝，由於它
有裝備艦砲，無法近距離攻擊敵艦，所以後
又加裝了兩座MK30單127公釐火砲。

3 較薄的裝甲

去掉了以往巡洋艦必備的重型裝甲，長堤號只在彈藥庫設置了一層較薄的裝甲，這是因為武器多為飛彈的緣故。

4 動力裝置

採用2座壓水式核子反應爐，雙軸推
，動力強勁，能以30節以上的速度連
航行14萬海里。

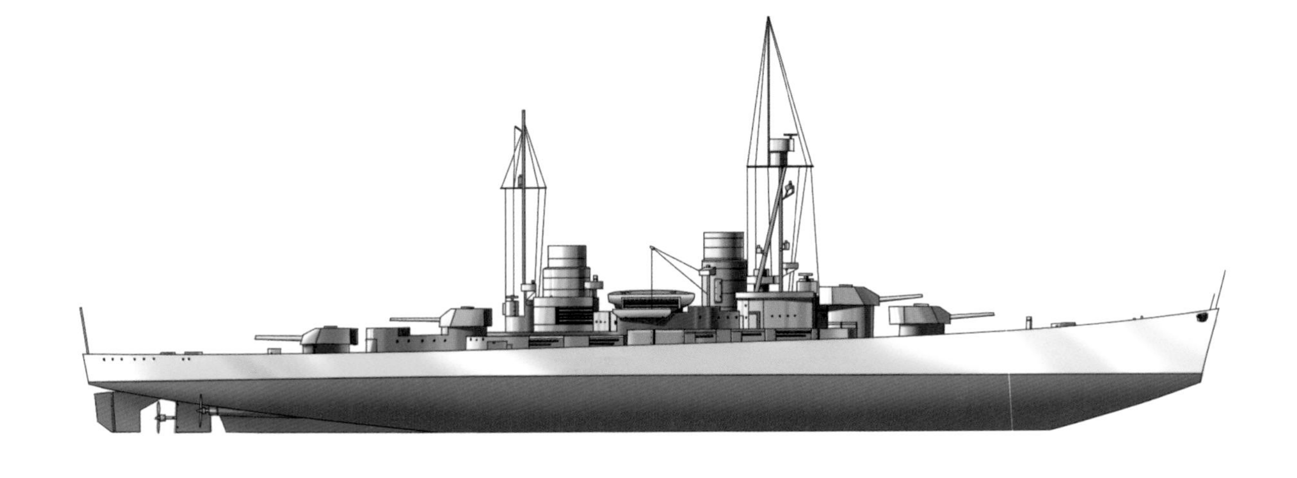

德弗林格號巡洋艦

德弗林格號是德國在二十世紀初建造的巡洋艦，擁有一流的裝甲防禦系統和強悍的武器火力。1916年擊沉英國皇家海軍的瑪麗女王號和無敵號戰鬥巡洋艦，並在遭受重創的情況下安全逃脫。第一次世界大戰後，德國戰敗，為防止艦隊落入英國人手中，1919年，德國採取了「彩虹」行動，將大部分的軍艦鑿沉，其中就包括德弗林格號。

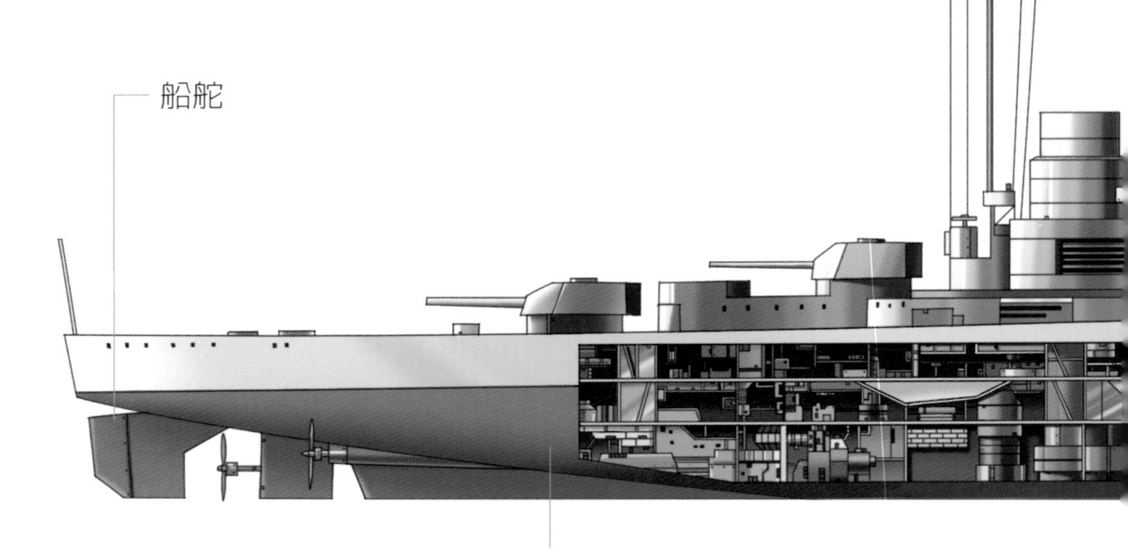

 流線型船首

德弗林格號的船首呈流線型，底部微微上翹，與破冰船的船首設計極為相似，非常好識別。

水下魚雷發射器

德弗林格號的一大特點是安裝了4
下魚雷發射器，其中兩個位於船的
，另外兩個分別在船首和船尾。

抗打擊力強

1916年與英國瑪麗女王號戰鬥巡洋艦對戰時，德弗林格號承受住10枚381公釐砲彈、10枚305公釐砲彈的轟擊，抗攻擊能力非常堅強。

水密隔艙

德弗林格號增加了多個水密隔艙，即使船體多處受創，依然能讓艦船不至於沉沒。

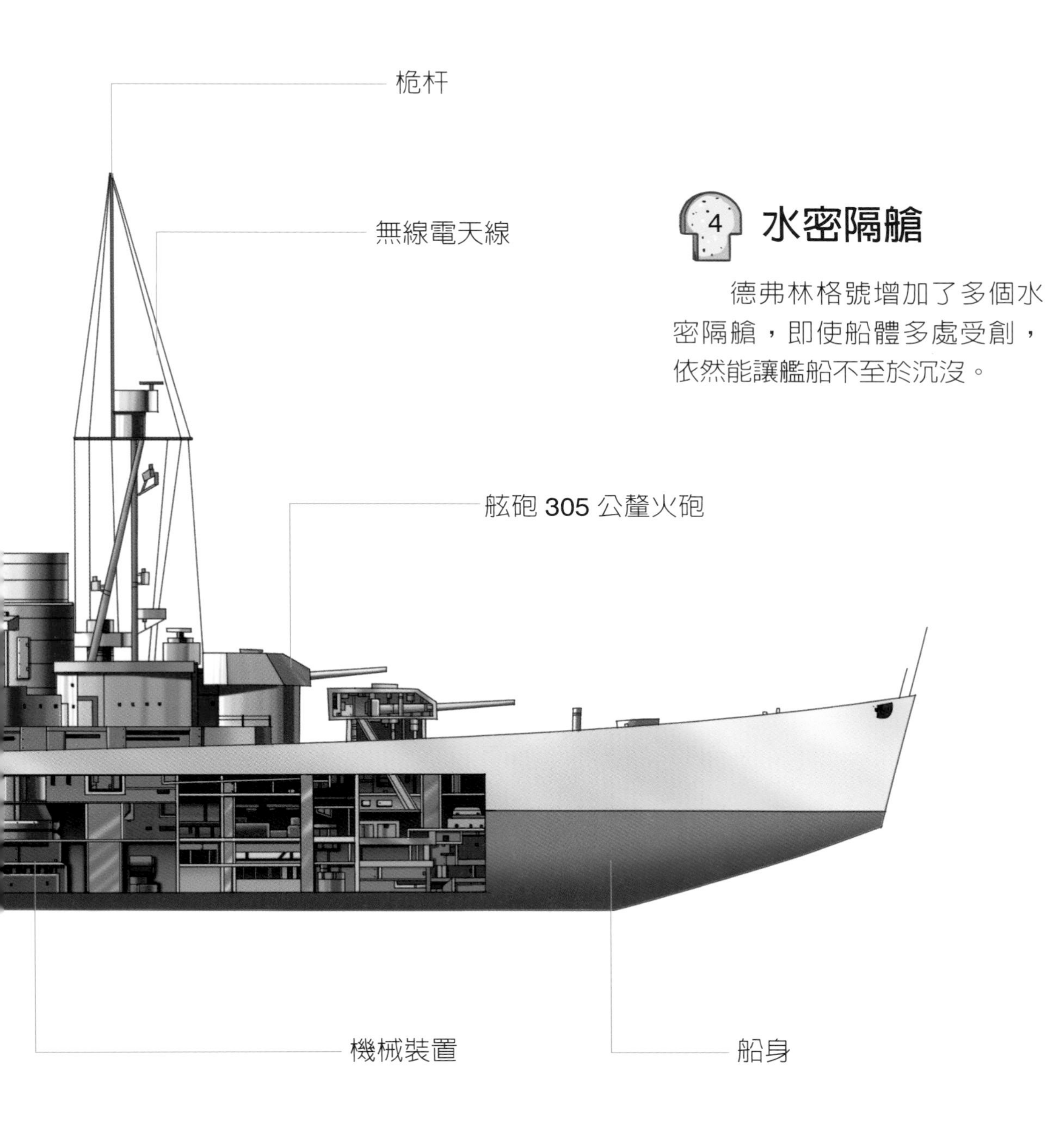

基洛夫號巡洋艦

基洛夫號是核子動力飛彈巡洋艦，它是前蘇聯基洛夫級核子動力飛彈巡洋艦的首艦。誕生於二十世紀七〇年代，是當時世界上噸位最大的飛彈巡洋艦，僅次於航空母艦。它有世界上最強大的武器系統，堪稱海上武器庫。然而，1990年，基洛夫號發生幾次事故，加上當時資金短缺，前蘇聯又解體了，所以直到今日還沒有維修好。

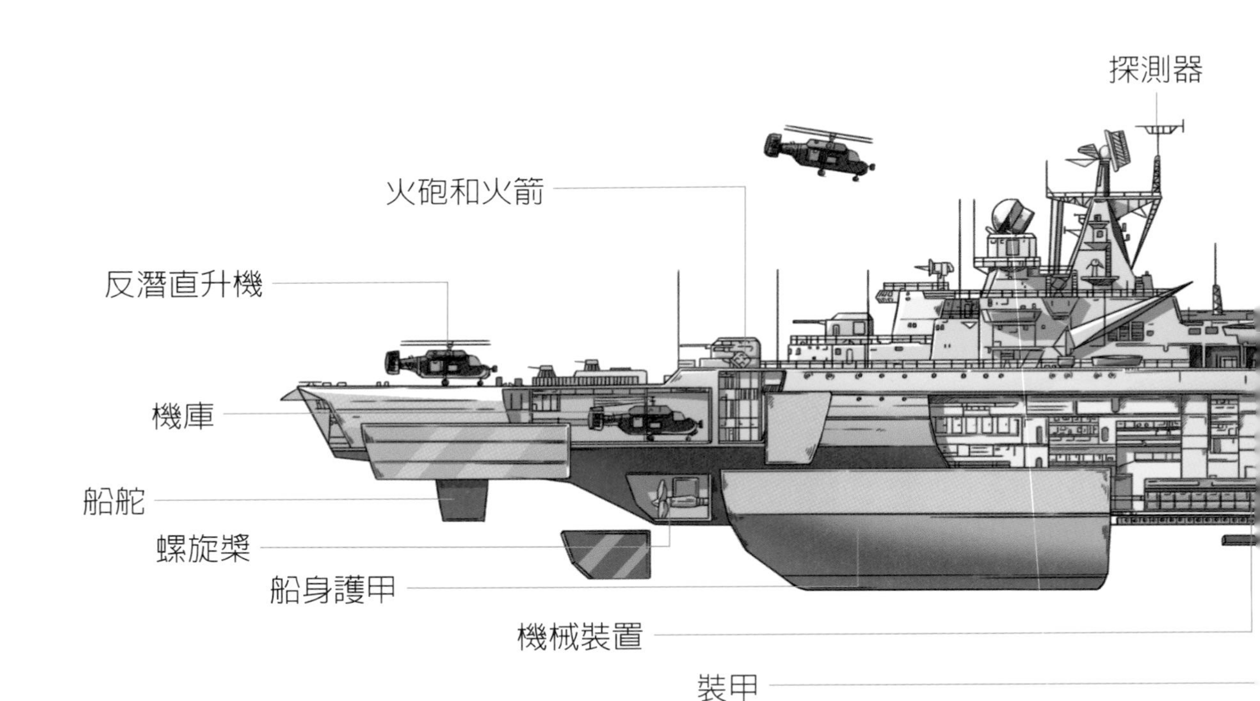

 體型獨特

基洛夫號的體型略顯豐滿，首部明顯外飄，寬敞的尾部為方形，造型獨特，非常容易辨識。

飛彈垂直發射系統

有12座SA-N-6防空飛彈垂直發射系
，這是世界上首例艦空飛彈垂直發射
置，大大提高了對空攻擊的精確度，
術非常先進，領先美國大約5年。

飛彈發射系統

絕大部分飛彈發射系統均位於前部，讓船尾有更多的空間可以設置直升機機庫和安放機械裝置。

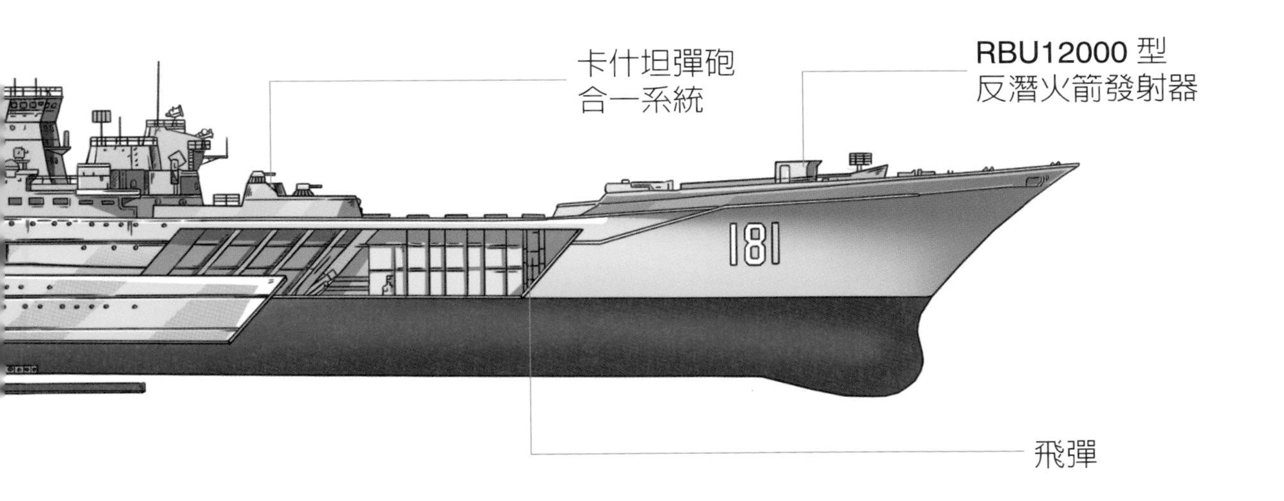

裝甲保護

保護措施十分到位，不僅反應爐艙採用76公釐厚的裝甲板包裹，還在其他地方安裝了防彈片裝甲。

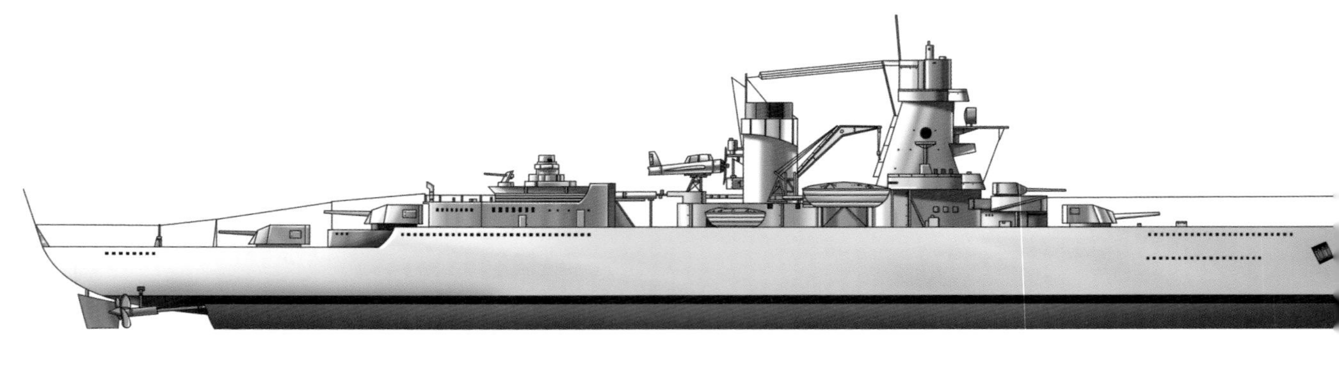

德魯伊特爾號巡洋艦

德魯伊特爾號是荷蘭輕型巡洋艦，於1935年首次下水，主要駐紮在荷屬東印度群島。尺寸比一般的輕型巡洋艦大，第二次世界大戰期間，多次參加對日戰爭。1942年2月27日在爪哇海戰役中被日本艦艇上的魚雷擊沉。

水上飛機

40 公釐防空火砲

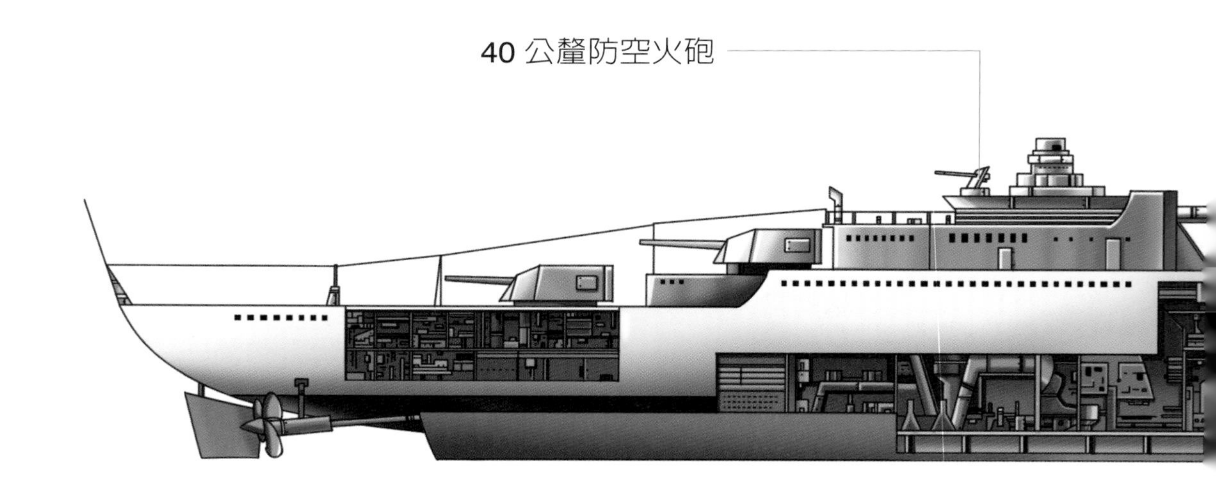

火力強大

雖然在爪哇海戰役中被擊沉，但是，在此次戰役中，它表現出了強大的攻擊火力，全體艦隊所擁有的火砲威力和數量，均超越對手。

水上飛機

艦上備有水上飛機，並在身中部安裝了用於飛機起飛海因克爾K8彈射系統。此還備有起重機，可從海中收飛機。

獨特的通訊系統

通訊系統比較特別，利用向外擴展的煙囪，支撐無線電天線，並以此取代天線桅杆，遺憾的是，在多次試驗後煙囪蓋就被拆除了。

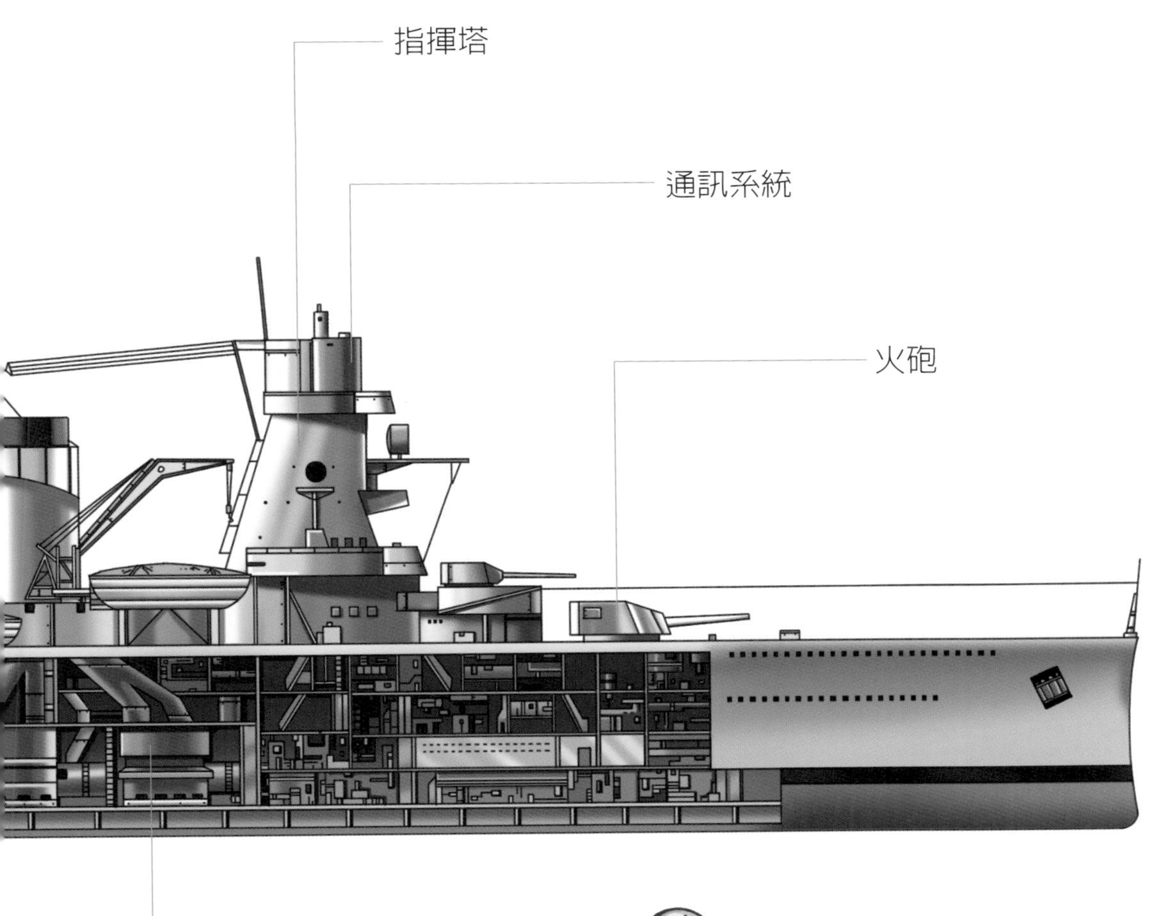

動力強勁

採用6個鍋爐和3個蒸汽渦輪機，總功率可達66,000馬力。可裝載1,300噸燃油，可供德魯伊特爾號以22節的航速航行12,594公里，是當時航速快、航程長的巡洋艦。

海口號巡洋艦

海口號是是中國海軍第一代具備相位陣列雷達、垂直發射系統的防空型飛彈驅逐艦，被譽為「中華神盾」，主要作戰使命是負責作戰編隊的防空、反潛任務，並配合其他艦艇進行反艦攻擊。

強勁的動力裝置

主機為柴油動力引擎，這是除了美國WR－21外，目前世界上最先進的同種主機，主機全長4.6公尺，重16噸，轉速3,000～3,600轉／分，最大功率可達26,680.5千瓦，熱效率36.5%，性能相當先進。

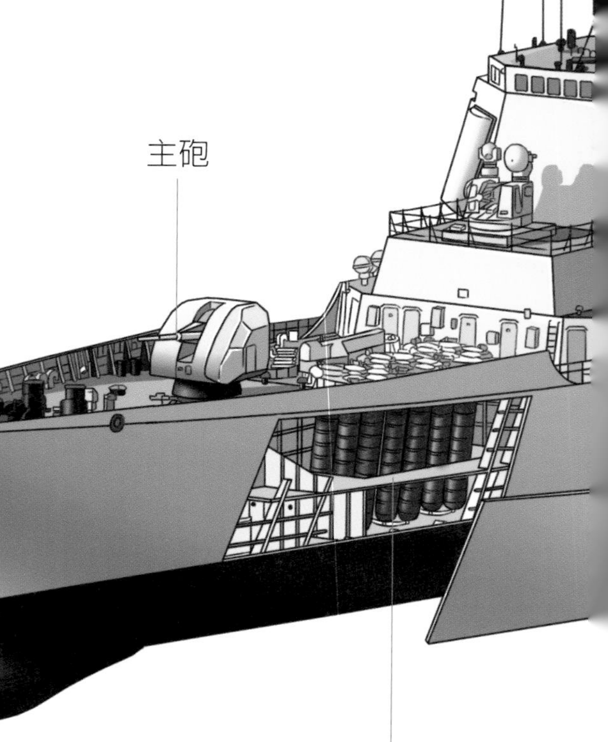

強大的武器系統

武器系統十分強大，在反艦飛彈方面，配備了2座4聯新型反艦飛彈發射架；在艦空飛彈方面，配備了2組「海紅－9」防空飛彈垂直發射系統。另外還有1座100公釐單管隱身主砲、2座7管30公釐近防砲、4座3×6多用途發射器、2座3聯324公釐魚雷發射管，還有1架卡－28反潛直升機。

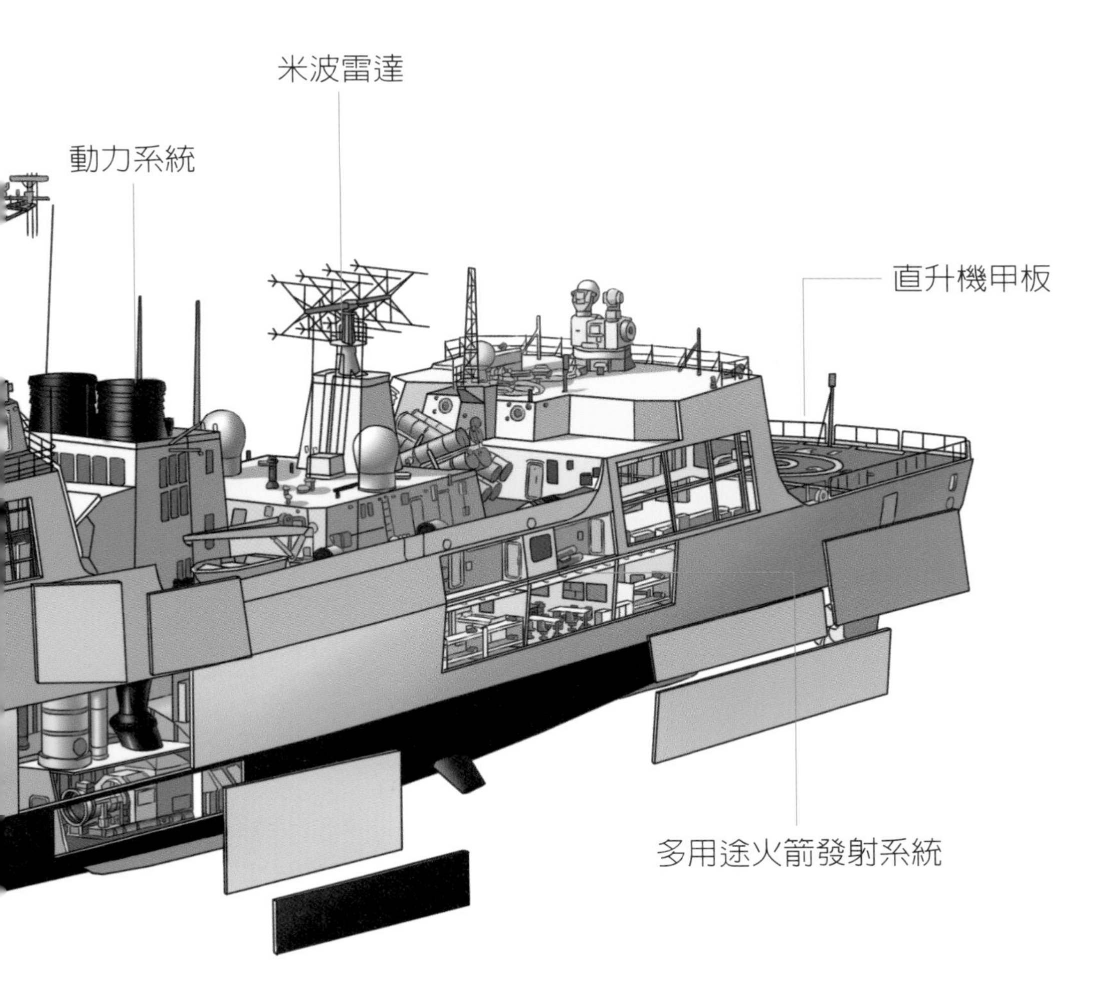

完美的外形

從外形來看，海口號是一艘非常漂亮的戰艦，風格極像德國MEKO。艦體修長且豐滿，首部為大角度飛剪式艦首，不帶任何外飄，水位以上無折角線，上層建築物採用了一體化的設計，尾部設有小楔形尾。

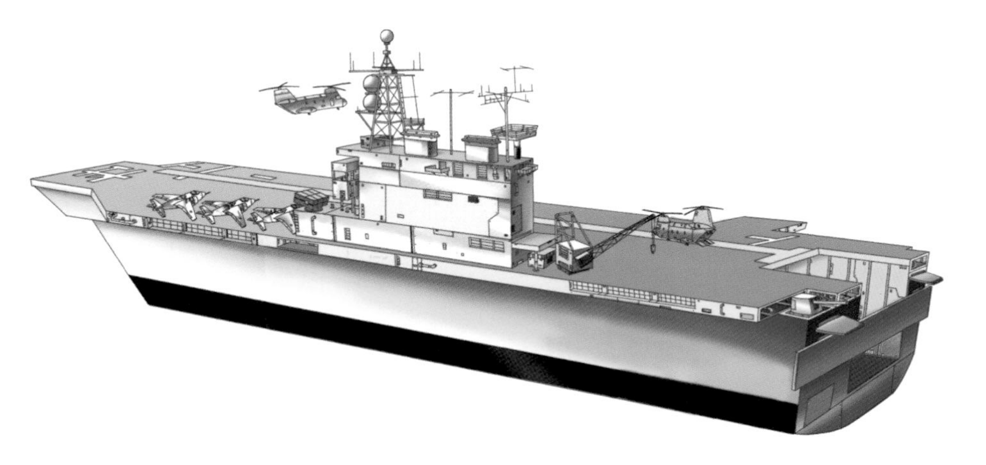

醫療設備

塔拉瓦號上設有一
微型醫院，內部基本設
齊全，有300張床位，還
4個手術室和3個牙科診
室，滿足了船上人員的
本醫療需求。

塔拉瓦號兩棲突擊艦

塔拉瓦號是兩棲突擊艦的典型代表，是美國海軍一級兩棲突擊艦的首艦，1976年5月29日開始服役，主要用於兩棲作戰。它配載了登陸艦、兩棲攻擊艦、兩棲車輛、直升機等武器配備，一次可運載1,800名海軍陸戰隊登陸作戰。

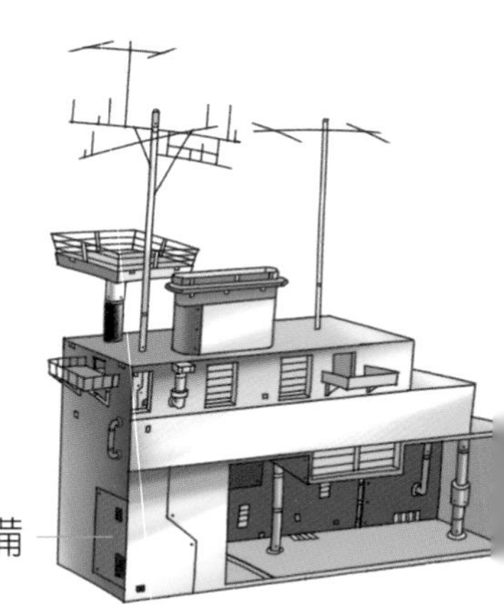

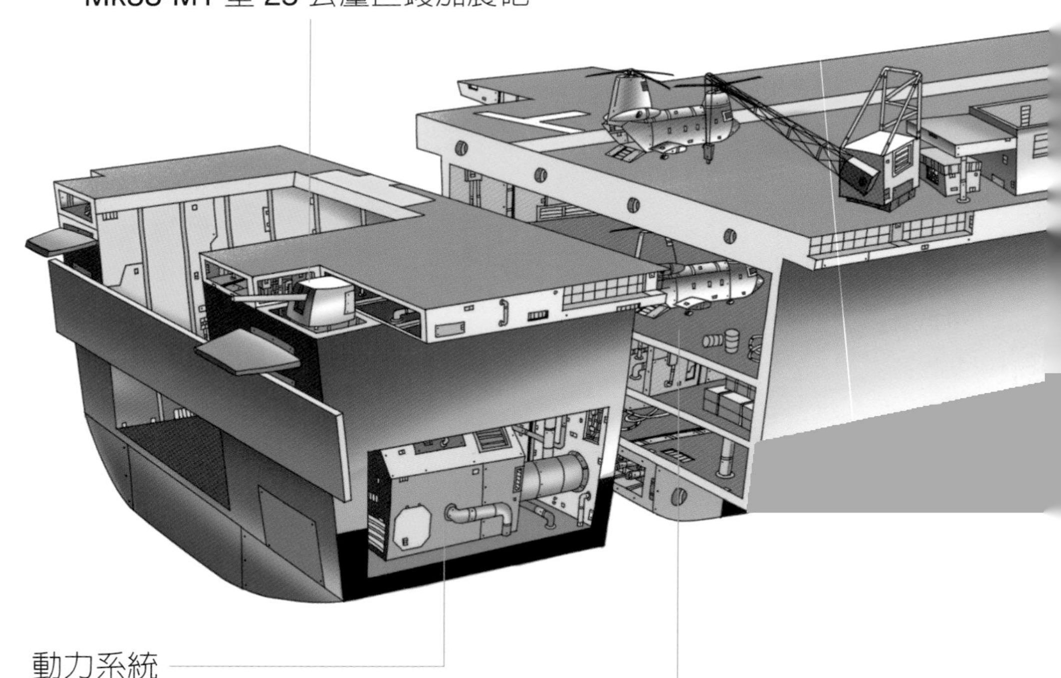

井型甲板

在塔拉瓦號的後部配備了井型
扳，甲板打開後，水灌進了船體
部，小型船隻就可以進入船體。
立瓦號上的登陸艦就是通過井型
扳進進出出。

指揮控制系統較先進

該艦裝備有對內對外通訊系統、通訊資料收集與處理系統、登陸戰戰術情報綜合系統，以及大量的先進電子設備，可作為陸、海、空三軍聯合登陸作戰的指揮艦。

壓艙物

船舶最怕空艙，因為空艙容易傾覆。登陸艇從井型甲板放出後，塔拉瓦號就面臨空艙的危機，必須進行壓艙，需要12,192噸重的壓艙物來穩定船身。

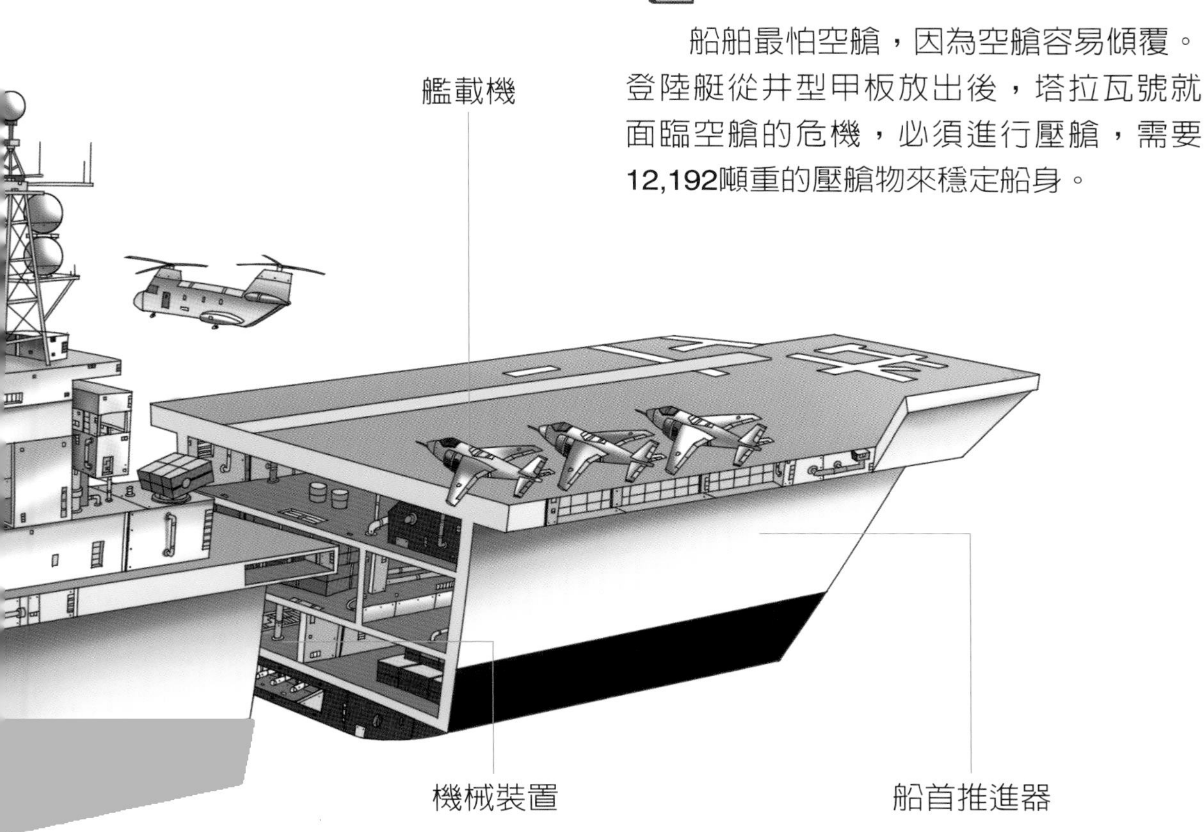

作戰威力大

塔拉瓦號上安裝了4門加農砲、5挺機槍、2個方陣近迫武器系統和2個艦對空飛彈發射器，增強了自身攻防能力。除此之外，塔拉瓦號還具有三重威力，可出動直升機實施垂直包圍，出動垂直短距起降飛機提供近距離空中支援，出動登陸車輛和登陸艇進行登陸攻擊。

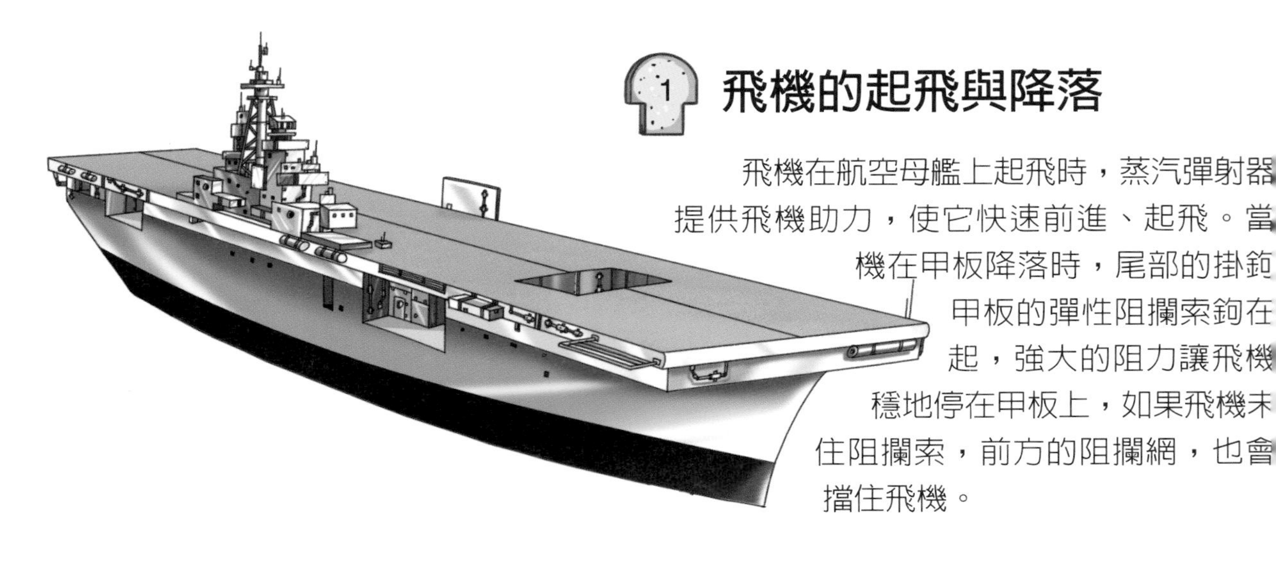

飛機的起飛與降落

飛機在航空母艦上起飛時，蒸汽彈射器提供飛機助力，使它快速前進、起飛。當機在甲板降落時，尾部的掛鉤甲板的彈性阻攔索鉤在起，強大的阻力讓飛機穩地停在甲板上，如果飛機未住阻攔索，前方的阻攔網，也會擋住飛機。

大黃蜂號航空母艦

大黃蜂號航空母艦是美國海軍第7艘以大黃蜂號命名的船艦。它於1941 年10月正式服役。1942年4月18日，在日本近海，6架B-25轟炸機從大黃蜂號起飛，成功空襲東京等地，大大震動日本。1942年10月26日，大黃蜂號與日本航空母艦對戰時，不幸被重創沉沒。

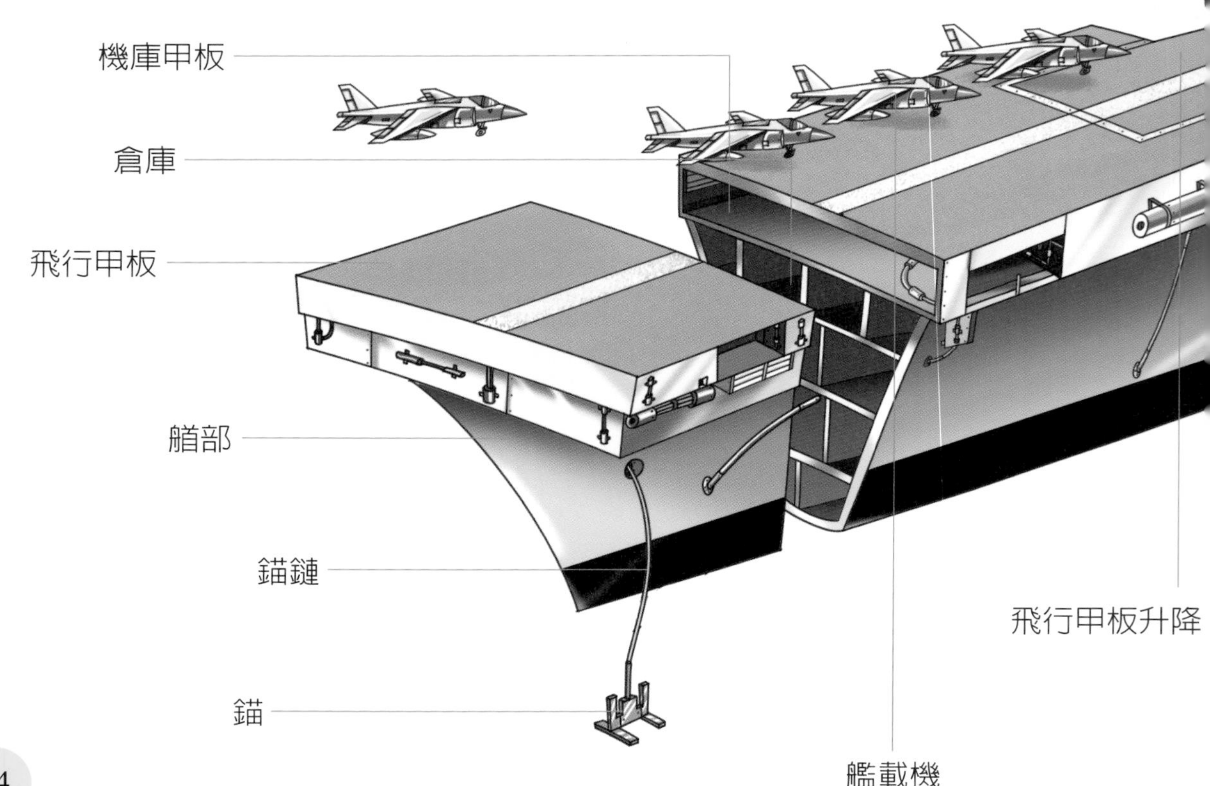

2 精良的保護設施

航空母艦的重要部位採用厚厚的金裝甲保護，即使被魚雷命中兩次也能受住。此外，船艙採用防水設計，可避免被水淹沒。

3 艦島

航空母艦將艦橋、煙囪等裝置集中在飛行甲板一側，看上去就像個小島，因此被稱為艦島。這樣的設計有利於在飛行甲板上騰出空間。

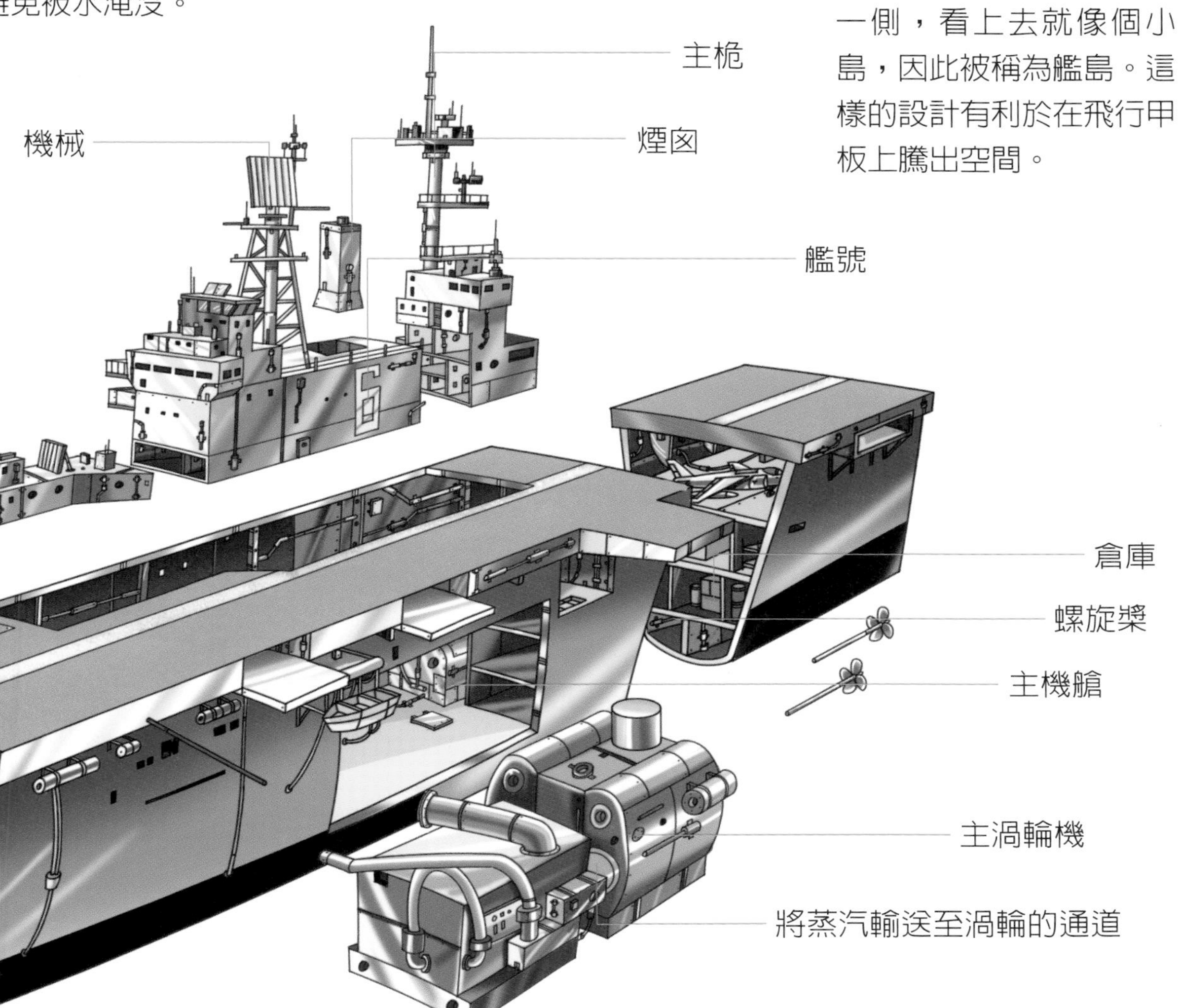

4 鍋爐成排

航空母艦像個龐然大物一樣漂在海上，需要強勁的動力航行，因此，在艦底深部安裝了成排的鍋爐燃燒燃料，產生蒸汽，驅動巨大的渦輪機，進而帶動螺旋槳，航速每小時可達61公里以上。

5 飛機的存放

航空母艦上可供上百架飛機停放，例如：戰鬥機、俯衝轟炸機、戰鬥轟炸機和魚雷轟炸機等。這些飛機通常會將機翼折起來，停放在機庫甲板上，執行任務時，才用巨大的升降機升到飛行甲板上。

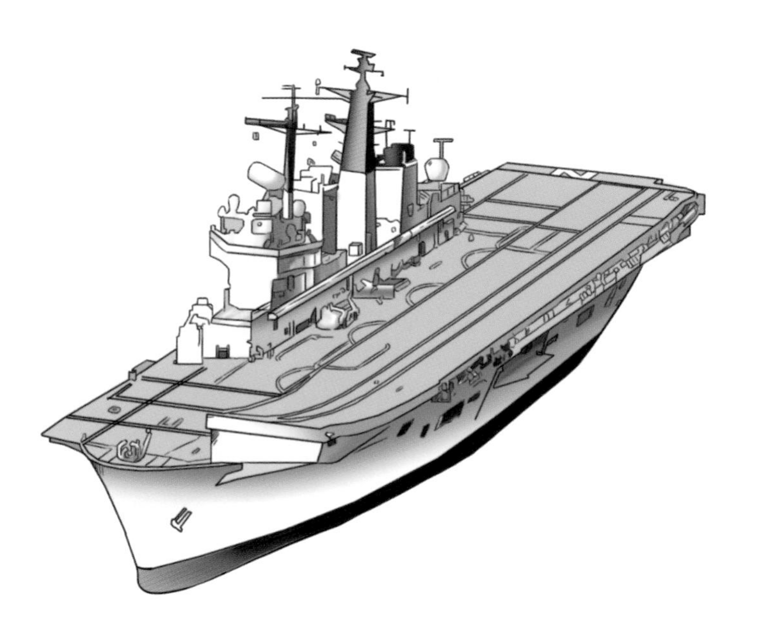

燃汽渦輪機

無敵號最突出的特徵就是
部採用了燃氣渦輪機動力裝置
結構緊湊輕巧、燃效高、經濟
惠，這也是航母輕型化的必要
提，也讓無敵級航空母艦成為
一代先進輕型航母的先驅。

無敵號航空母艦

無敵號航空母艦由英國建造，於1980年7月正式服役。它是世界上第一艘先進的輕型航空母艦。無敵號於2005年8月1日退出作戰序列，退役當天前往普茨茅斯海軍基地進行最後一次航行，英國皇家海軍出動了「海鷂」戰機、「海王」直升機和「山貓」飛行表演隊，在航母上空列隊表演，紀念這個重要的日子。

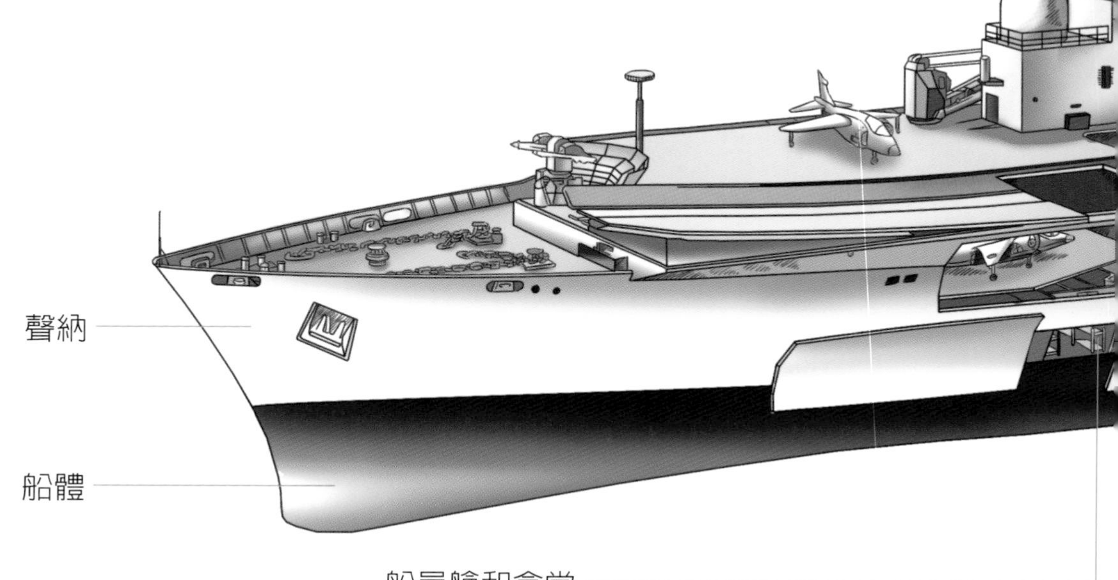

艦載直升機

配備了3架「海王」空中預警直升機（AEW），每架直升機配備1部「水偵」雷達，當飛行高度為1,500公尺時，警戒半徑為160公里。

上翹式滑行跑道

飛行跑道前端約27公尺長為平緩曲面，向艦首上翹，角度為7度。

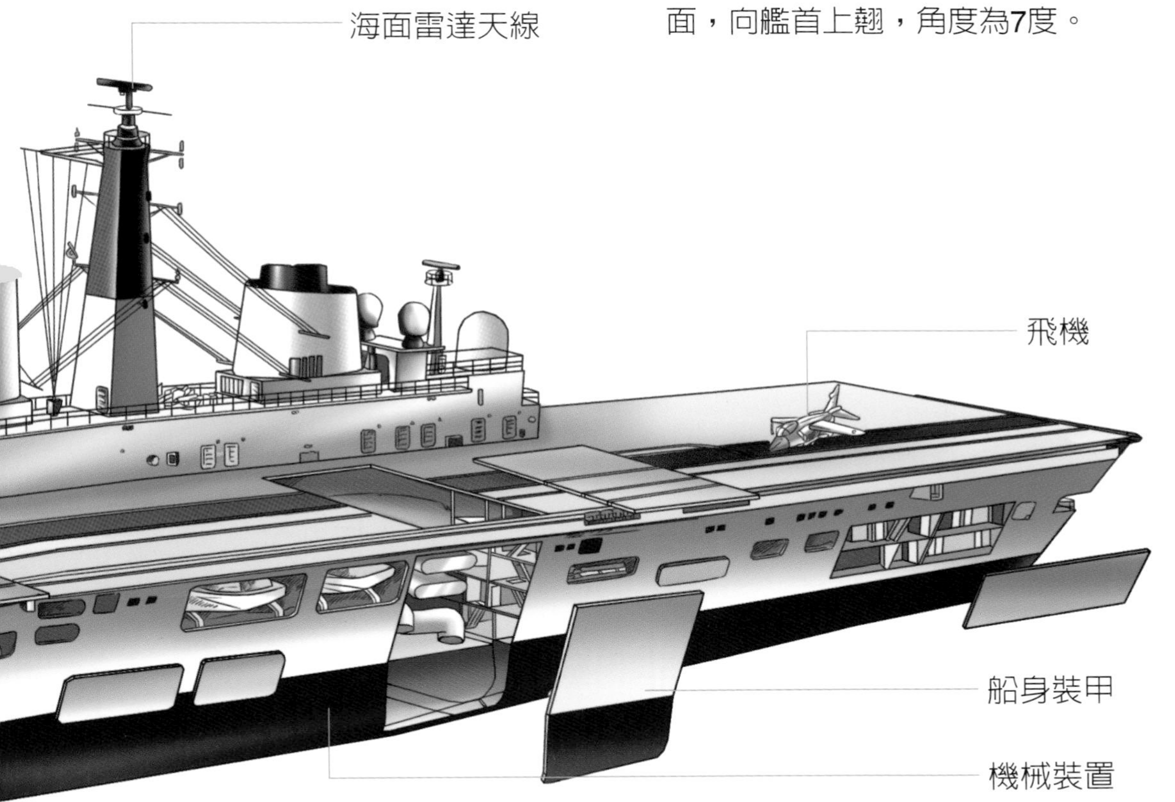

近防功能提升

為了彌補近距離防衛能力，加裝了3座美國製造的方陣近迫武器系統，3座荷蘭製造的門將近迫武器系統，並裝上了「海蚊」誘餌發射系統，以及新型的966對海警戒雷達等防衛系統。

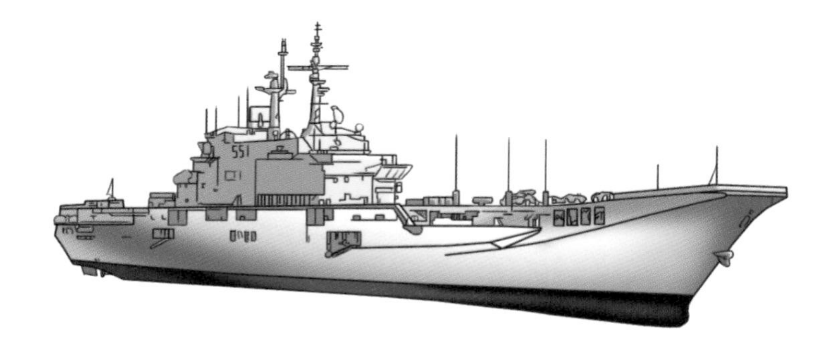

加里波底航空母艦

加里波底是義大利的航空母艦，1983年首次下水。火力裝備不容小覷，不僅搭載了16架獵鷹式戰鬥機、18架海王式戰鬥機，還有各種飛彈、6個魚雷發射管。燃氣渦輪機為橫向放置，並有6個柴油引擎提供動力，總功率可達81,000馬力，是二十世紀八〇年代非常出色的航空母艦。

雷達系

飛機

火砲

船舵

螺旋槳

船身外殼

機械裝置

方形艦尾

其中一個最為突出的特徵是：採用方形艦尾，代替了常見的圓形艦尾，這設計加強了艦艇的穩定性和適應能力。

2 獨特的「熱」彈射發射方式

傳統潛射彈道飛彈，是在水下發射飛彈時，
用壓縮空氣將飛彈彈射出水的「冷」發射方
，而加里波底號則採用火藥的燃氣將飛彈彈射
去的「熱」發射方式，這是它與眾不同之處。

先進的防禦系統

配備了先進的信天翁8聯飛彈發射器，一共48枚，射程為14公里的射鎖蛇艦對空飛彈，還有先進的SLQ-732電戰系統、SCLAR干擾火箭發射器、SLAT反魚雷系統等。

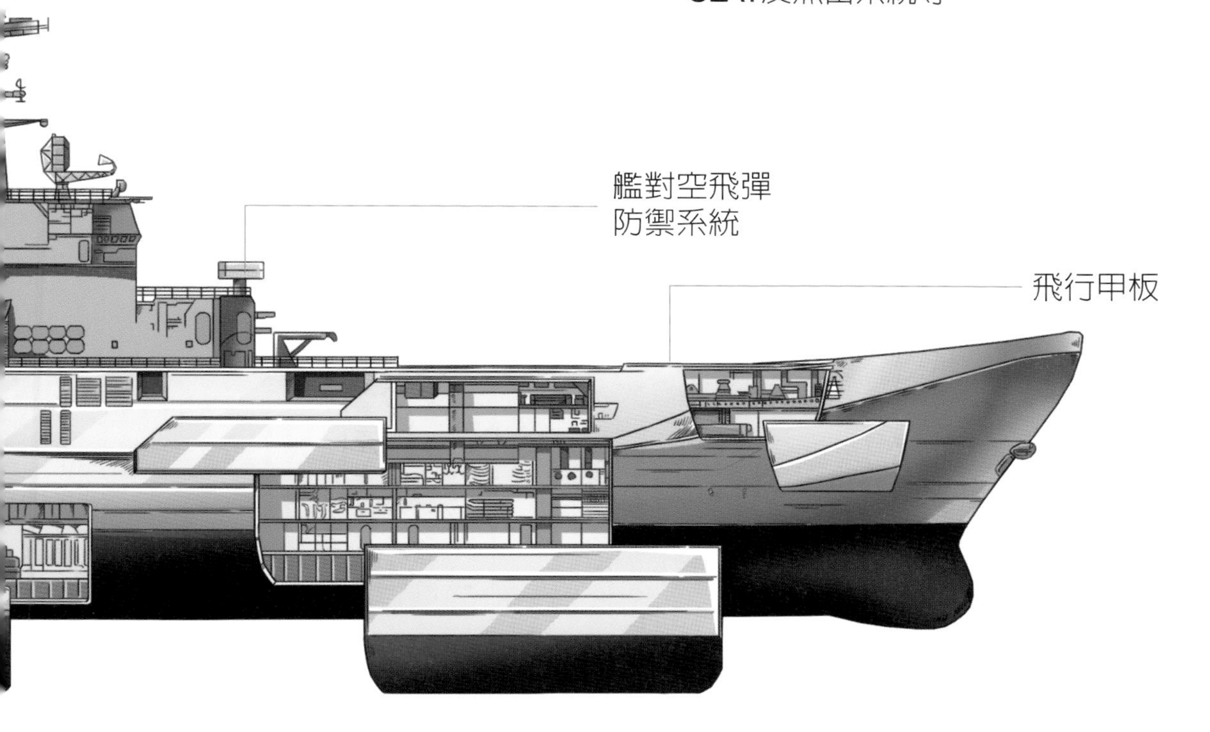

甲板

一共有6層甲板，13個水密隔艙。其中，船首的飛行甲板非常寬廣，有174.8公尺長、30.5公尺寬，而且飛行甲板前部升高了4度，適合飛機短距起飛和降落。

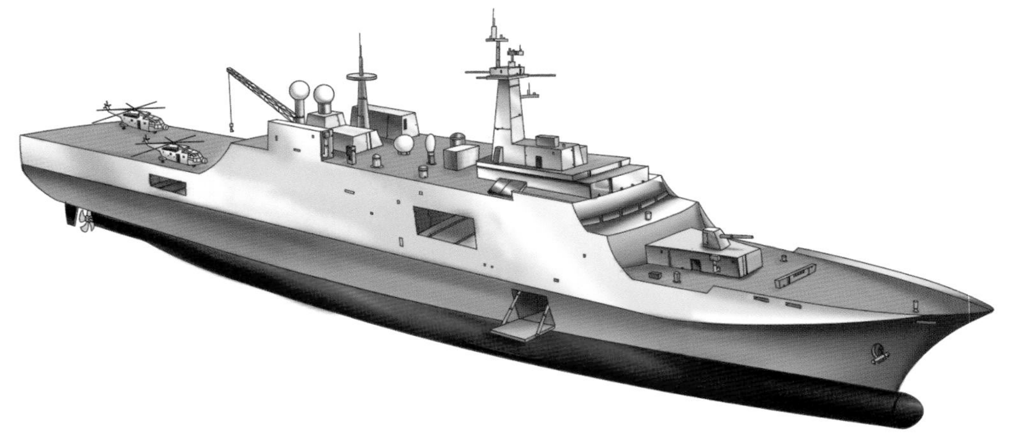

昆侖山號登陸艦

昆侖山號船塢登陸艦是中國第一艘新型船塢運輸艦，也是中國人民解放軍海軍071型兩棲登陸艦首艦，舷號為998，2007年11月30日正式服役於南海艦隊。主要作為登陸作戰時的母船，用來將士兵、步兵戰車、主戰坦克中型直升機等運上岸，進行登陸作戰，代表中國海軍登陸作戰的方式將有重大變化。

 隱身設計

最突出的特徵是採用了隱身設計，首先，它的外表光滑簡潔。其次，包括艦橋在內的上層建築，均位於船體中部，再者，上層建築和船體外側均向內傾斜，這些設計都大大提高昆侖山號的隱蔽性。

自動艦砲

艦側車輛艙門

船錨

適航能力佳

艦體採用高幹舷平甲板型，艦首呈大飛剪式，艦尾呈楔形，而且長寬比小，水位以上有明顯的折角線，大大減少航行阻力，適航能力好。

武裝配備

武裝配備不算強悍，主要有1部HQ—7型8聯裝防空飛彈發射裝置、1座單管76公釐砲、4座30公釐近防砲等，電子設備的數量也一般，武裝裝備還有改進空間。

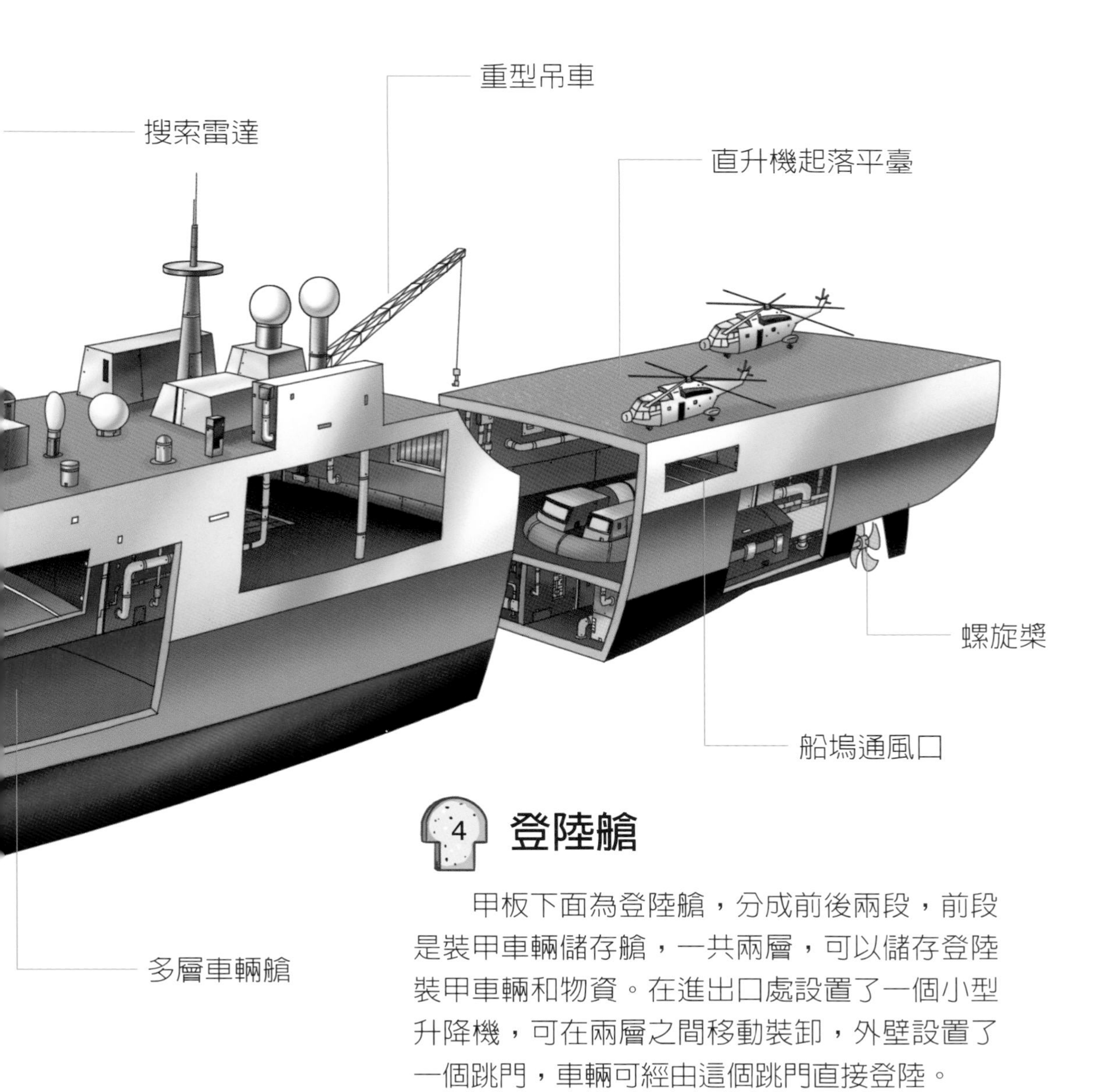

登陸艙

甲板下面為登陸艙，分成前後兩段，前段是裝甲車輛儲存艙，一共兩層，可以儲存登陸裝甲車輛和物資。在進出口處設置了一個小型升降機，可在兩層之間移動裝卸，外壁設置了一個跳門，車輛可經由這個跳門直接登陸。

「海龜號」潛艇

海龜號潛艇是由美國的布希內爾於1776年設計而成，並於1776年9月正式下水，是世界上第一艘只能容納一個人的潛艇。藉由腳踏閥門往水艙注水，可以潛至水下6公尺，潛水時間約半個小時。

1 木質外殼

外形像啤酒桶，為木質外殼，並用鐵箍固定。

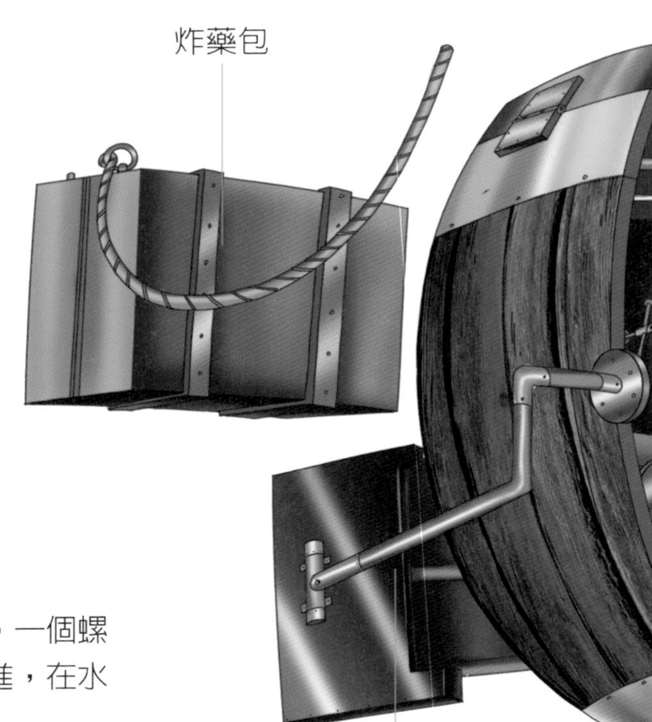

2 手搖曲柄螺旋槳

海龜號安裝了兩個手搖螺旋槳，一個螺旋槳負責上升，一個螺旋槳負責前進，在水下前進的速度大約5.6公里／時。

手動壓力泵

艇內有手動操作的壓力水泵。需要時，用來排出壓載水艙內的水，使潛艇上浮。

攜帶炸藥包

海龜號的外部安裝了一個有定時引信的炸藥包，該炸藥包可以固定在敵方軍艦的底部。

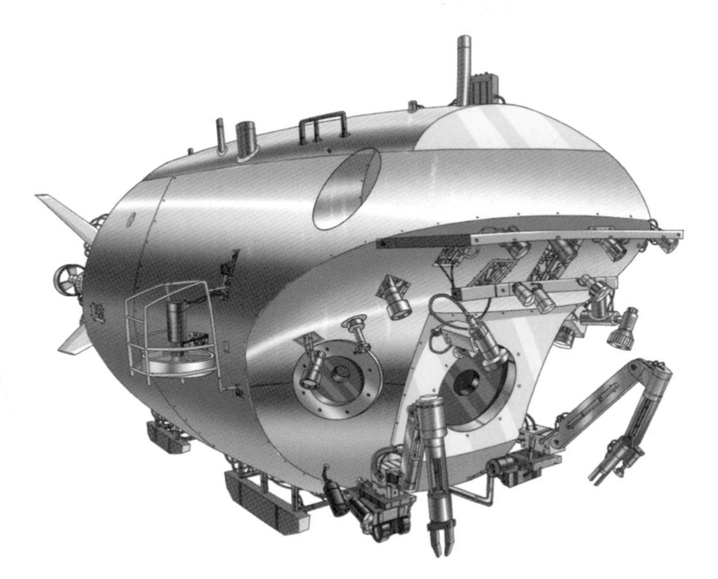

高速水聲通訊技術

科學家們研發了具有世界先進水準的高速水聲通訊技術，即聲納通訊，即使潛入深海數公里，也能與母船保持良好的聯繫。

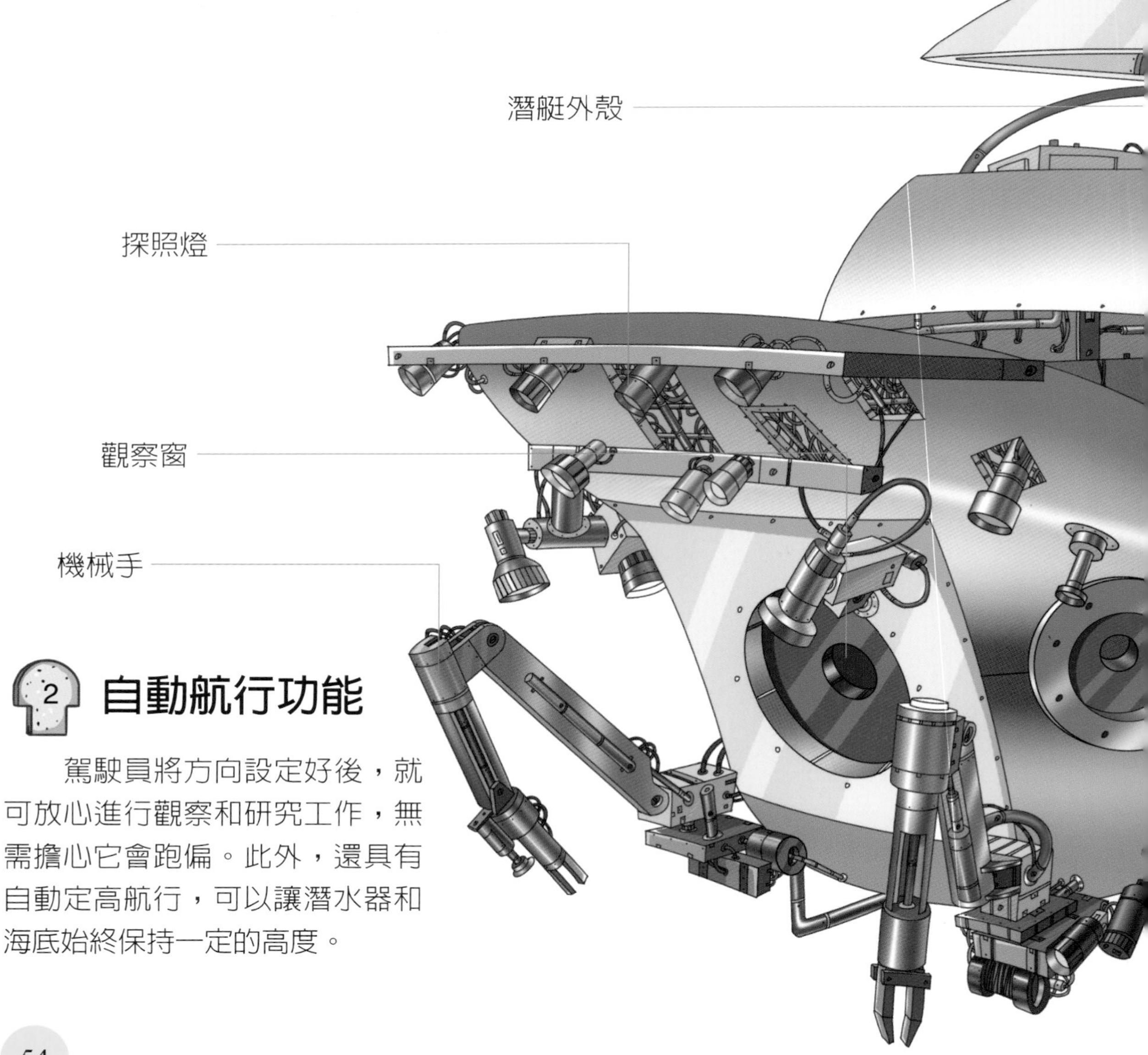

2 自動航行功能

駕駛員將方向設定好後，就可放心進行觀察和研究工作，無需擔心它會跑偏。此外，還具有自動定高航行，可以讓潛水器和海底始終保持一定的高度。

「蛟龍」號深潛器

「蛟龍」號深潛器是中國於2002年開始自主研製，並於2008年正式建造成功。它可以運載科學家和工程技術人員潛入深海，在海山、盆地和熱液噴口等複雜的海底進行深海探礦、高精密地形測量、深海生物考察等工作。它可以下潛到7,000公尺深，代表中國的深海潛水器具備了海洋科學考察的專業能力，另一方面代表中國強大的綜合技術。

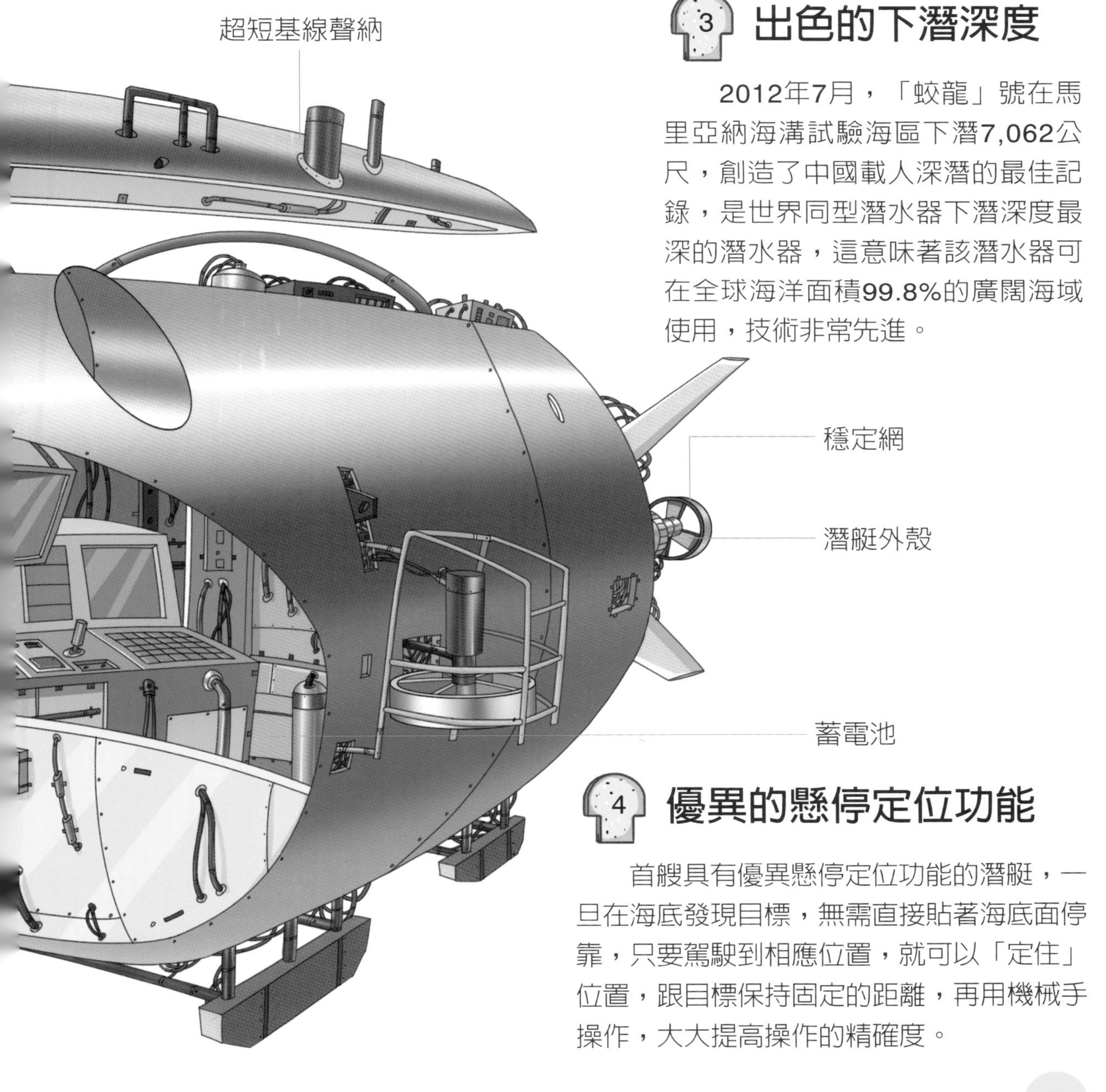

3 出色的下潛深度

2012年7月，「蛟龍」號在馬里亞納海溝試驗海區下潛7,062公尺，創造了中國載人深潛的最佳記錄，是世界同型潛水器下潛深度最深的潛水器，這意味著該潛水器可在全球海洋面積99.8%的廣闊海域使用，技術非常先進。

4 優異的懸停定位功能

首艘具有優異懸停定位功能的潛艇，一旦在海底發現目標，無需直接貼著海底面停靠，只要駕駛到相應位置，就可以「定住」位置，跟目標保持固定的距離，再用機械手操作，大大提高操作的精確度。

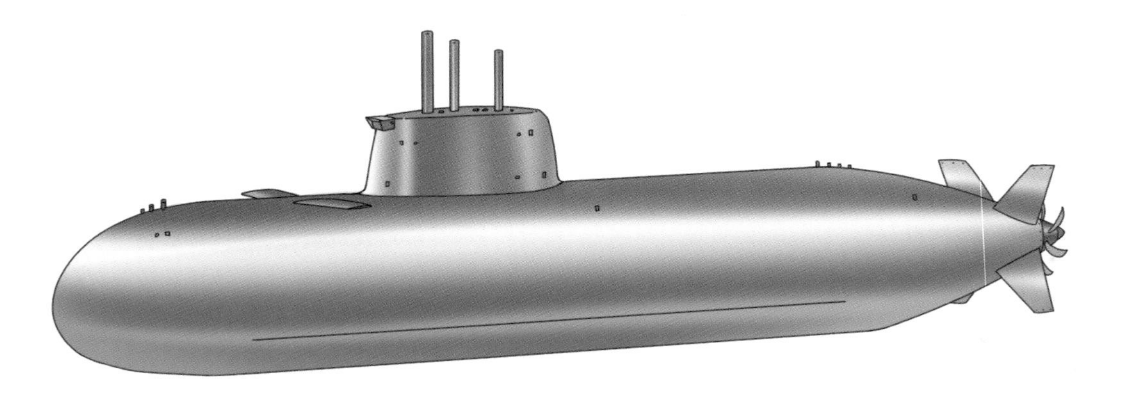

德國 214 型潛艦

德國214型潛艦又叫212A型簡化版潛艦，它是由德國老牌造船廠霍瓦茲船廠在212/212A型潛艦的基礎上，進一步革新而開發出來，是專門向外出口的潛艦。排水量很小，隱身性能非常出色，下潛深度達到400公尺，因此，214型潛艦可以在淺海和深海滿足各種作戰需求。

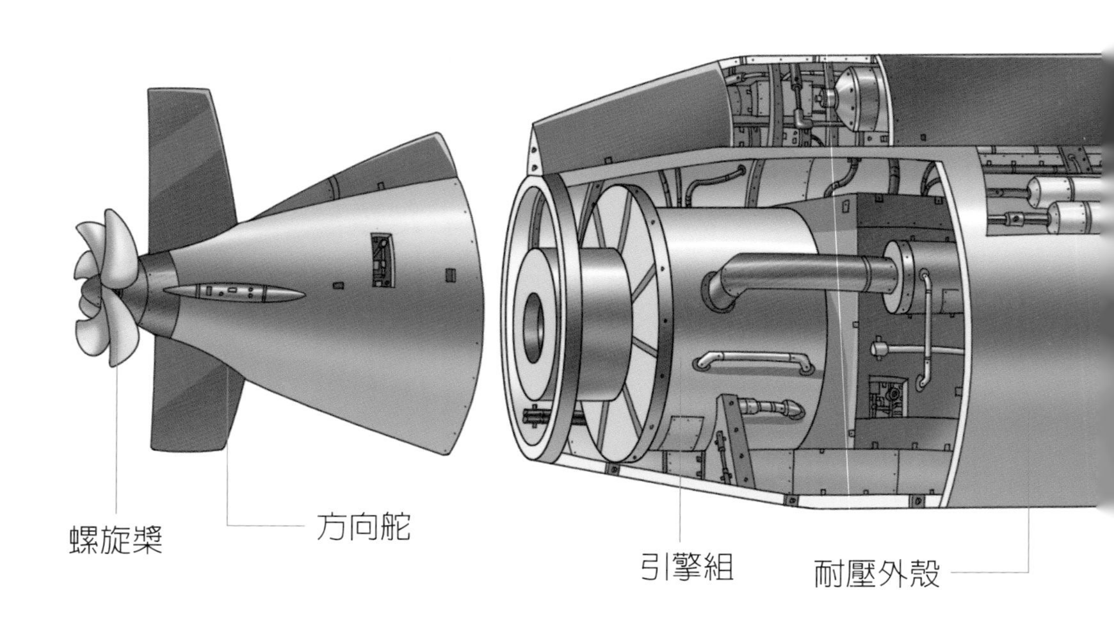

 隱蔽性佳

表面光滑，可減少海水流動雜訊。此外，艦體採用HY80和HYI00低磁鋼，強度高、彈性好，可下潛到水下400公尺以下且不易被敵方磁探測器發現，隱蔽性非常好。

混合推進裝置

採用由柴油發電機、推進電池／燃料電池系統和推進電機組成的混合推進裝置。其中，燃料電池整齊排列在密閉壓力裝置裡，形成一個完整的艙室，為水下航行提供了動力。

模組化設計

採用模組化設計，所有的模組、管系與電纜均安裝在彈性基座上，一旦某個模組故障，可直接替換，省時又省力。

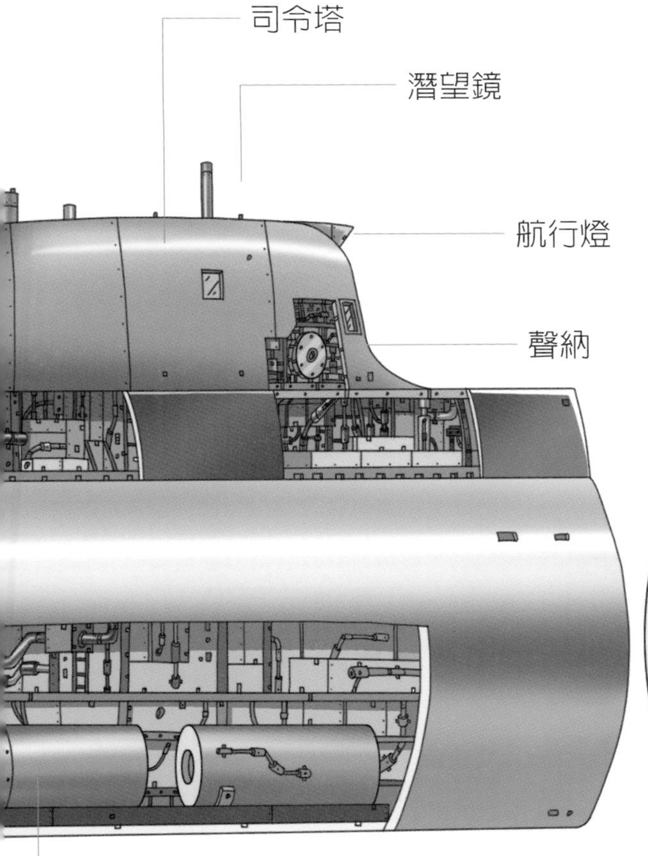

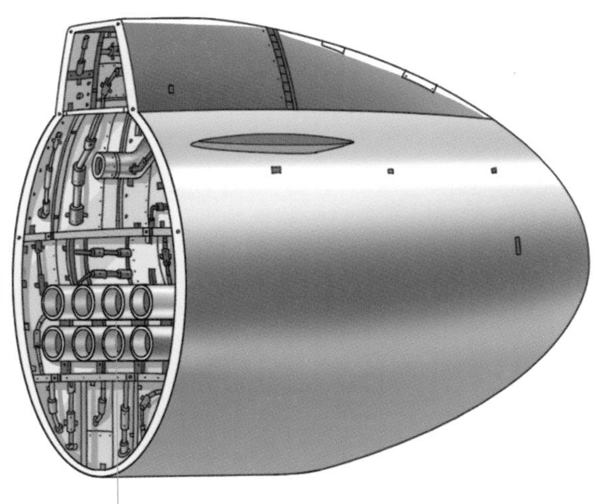

使用高性能 AIP 系統

常規動力潛艦需要從空氣中獲取氧氣燃燒柴油，給蓄電池充電，在水下航行時用蓄電池提供動力，所以需要經常浮出水面獲取氧氣，這對於隱蔽十分不利。214型潛艦運用先進的技術，採用了不依賴空氣的動力裝置，即AIP系統，大大提高了隱蔽性。

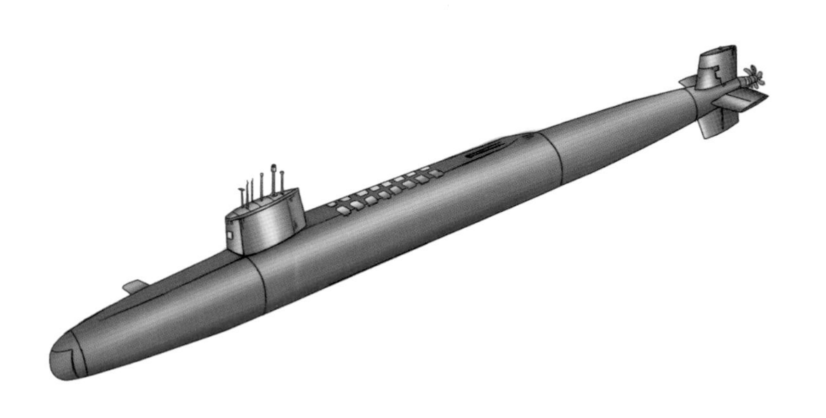

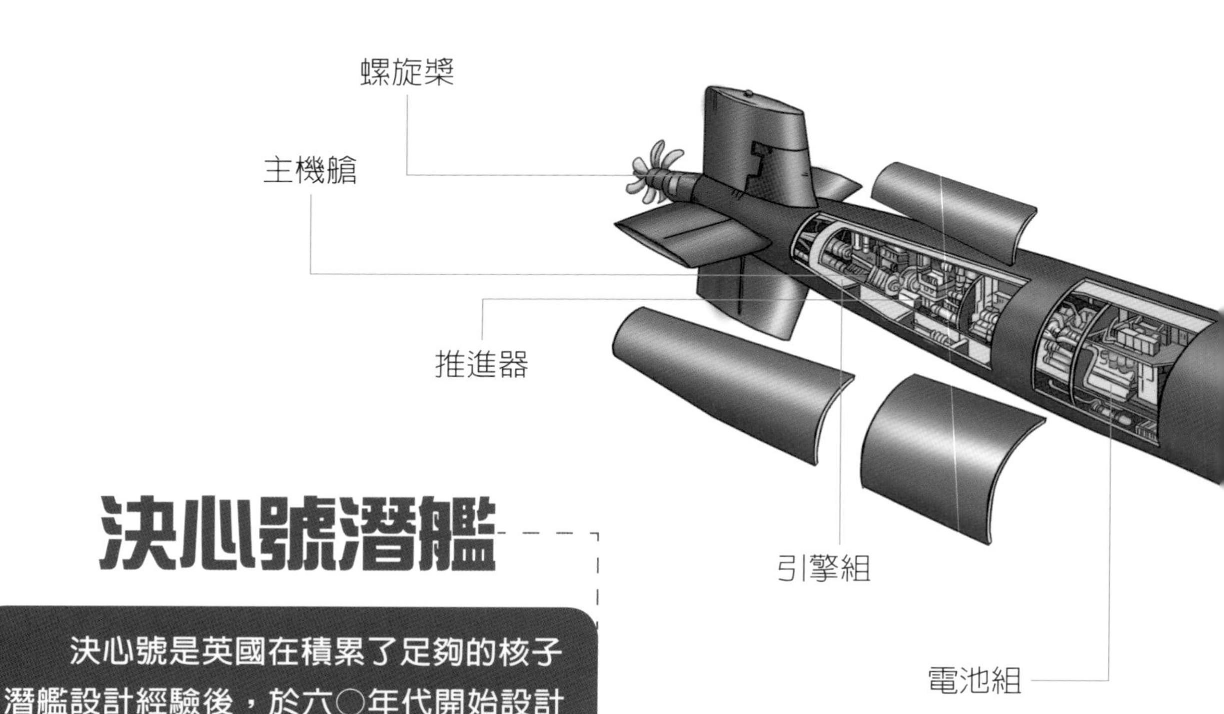

決心號潛艦

決心號是英國在積累了足夠的核子潛艦設計經驗後，於六〇年代開始設計建造第一代核子動力彈道飛彈潛艦，於1968年第一次航行，是四艘同級別潛艦中最為頻繁出海航行的一艘。

獨特的外形

與其他潛艦不同，決心號的艦體採用近似拉長的水滴型，有利於水下航行。

魚雷管

有常規彈頭的線導魚雷和自導魚雷，並由船首的六個發射管發射。

威力強大的飛彈

配備了16枚北極星A-3飛彈，分成兩排垂直放置在飛彈隔間。威力強大，射程可達4,631公里，而且飛彈可以攜帶核子彈頭。

前部水平舵

靠近頭部的位置有安裝水平舵，水平舵可以向上折收，避免靠岸時碰撞。

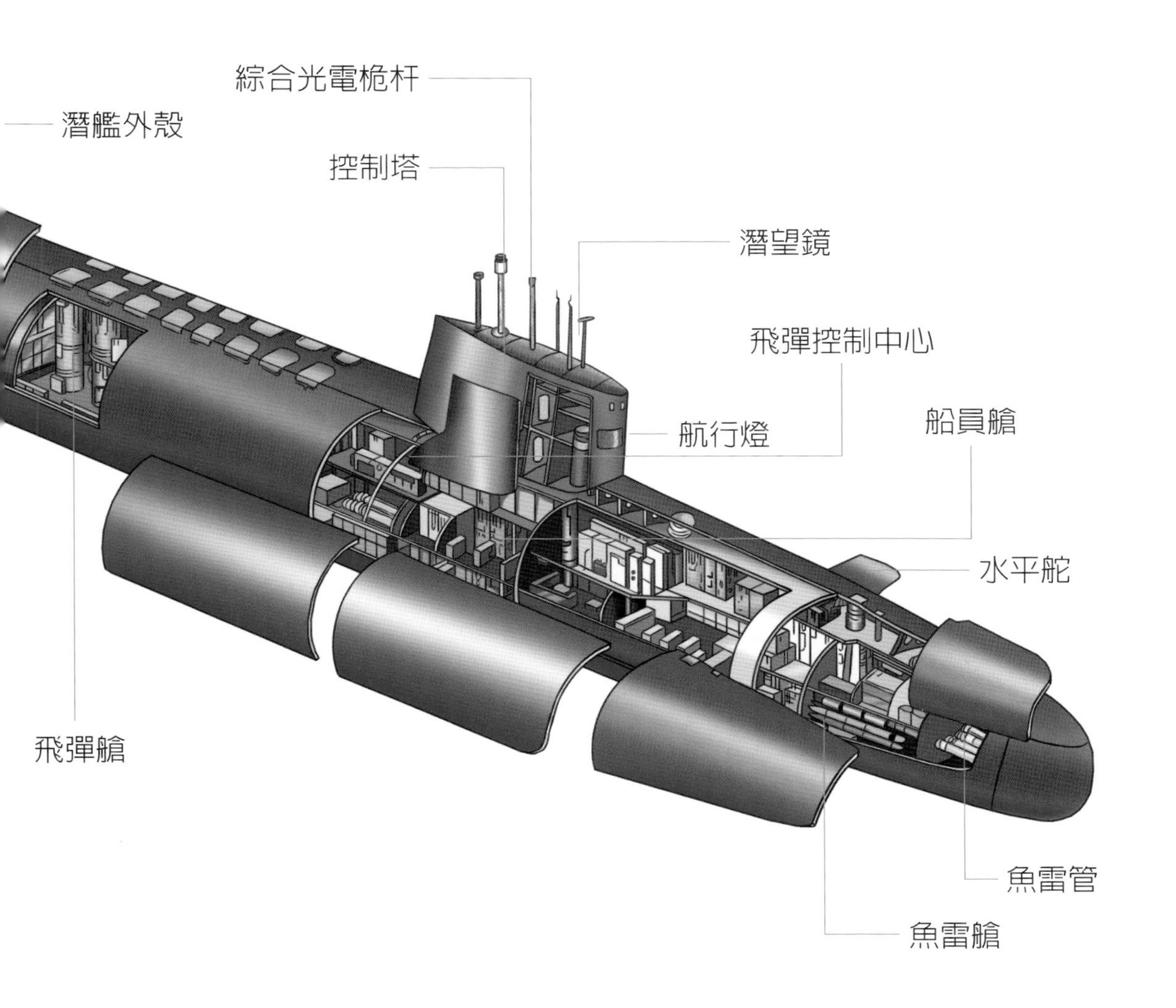

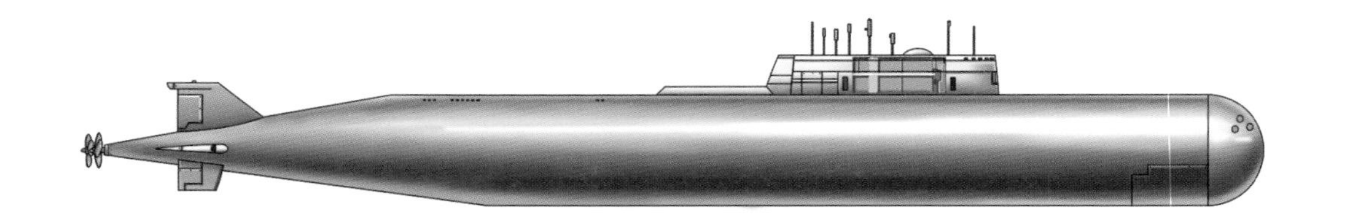

庫斯克號潛艦

庫斯克號是俄羅斯第三代巡戈飛彈核子潛艦，它是人類有史以來單艦火力最強大的核子潛艦，庫爾斯克號專門用來攻擊航空母艦，曾被俄羅斯媒體譽為「航母終結者」。它於1994年首次下水，1999年部署到地中海。遺憾的是，2000年8月，在巴倫支海參加軍事演習時，因內部爆炸而沉沒，所有船員無一倖存。直到次年10月，才將潛艦殘骸打撈上來。

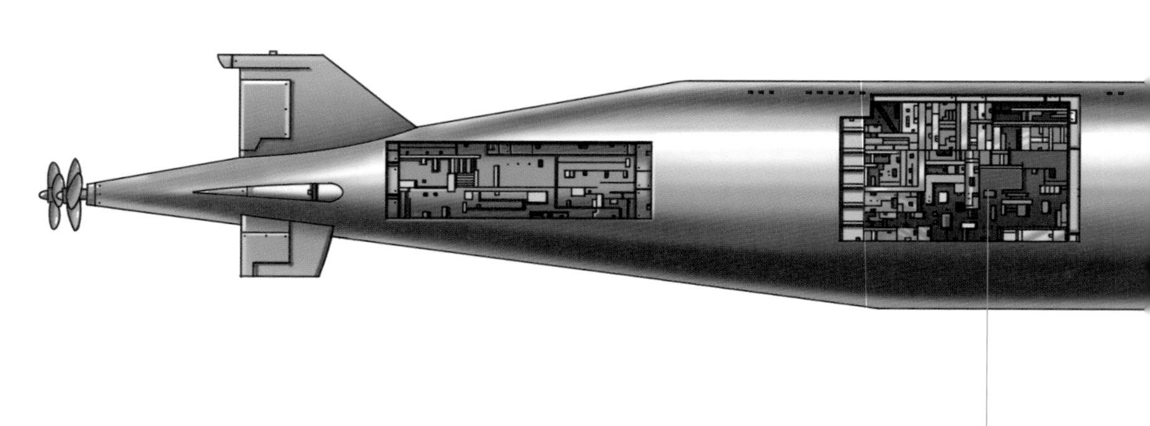

機械裝置

魚雷管

共有4具533公釐和4具650公釐魚雷發射管。事故原因正是第四發射管因煤油意外接觸到過氧化氫，引發了巨大的化學爆炸。第一次爆炸135秒後，又發生了更嚴重的第二次爆炸，直接炸開第三和第四艙，使得庫斯克號沉沒了。

兩層外殼

共有兩層外殼，內殼與外殼之有一個兩公尺寬的空間，內殼度為5公分，外殼厚度僅有8.5公由含高鎳高鉻的鋼製成，抗腐性非常強。由於磁性非常弱，庫克號很難被地磁異常探測器發

防水隔板

艦首有防水隔板用於隔開船艙，然而，災難發生時，它沒能阻止爆炸衝擊波傳到後部。

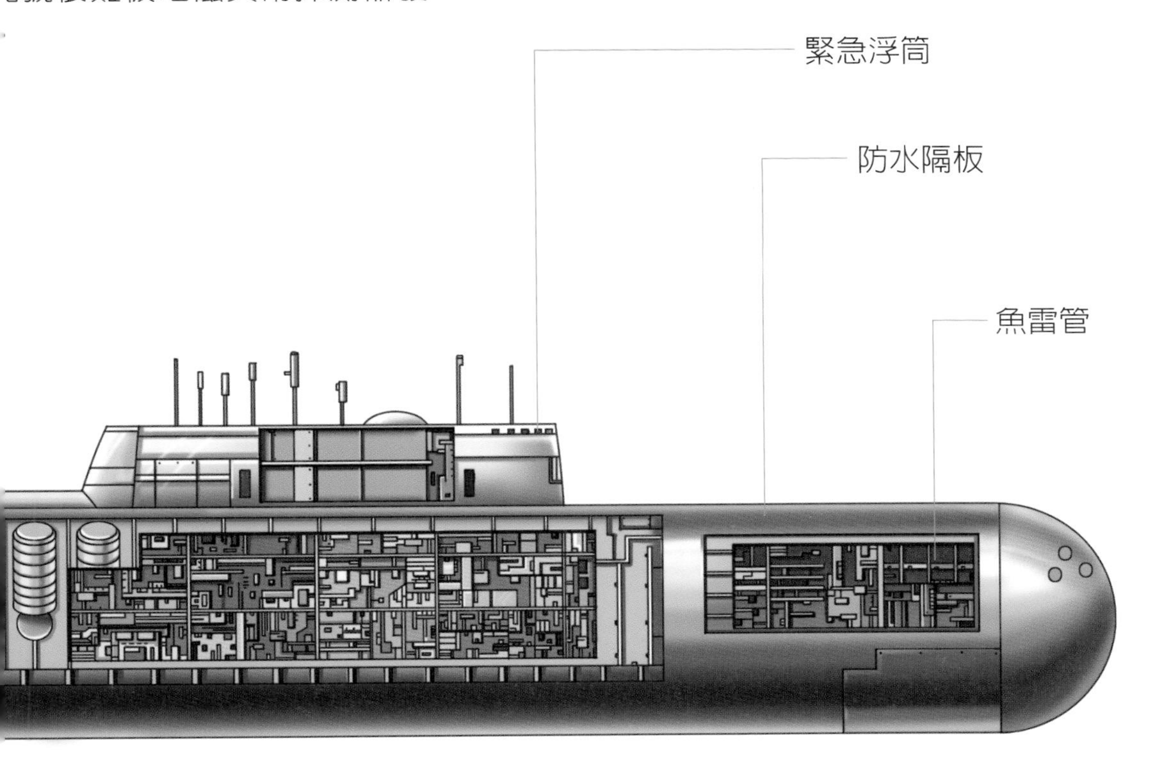

先進的武器裝備

配備了SS-N-19型艦對艦飛彈，彈頭750公斤重，相當於高能炸藥或350公斤的TNT炸藥，當時火力強悍到找不到任何一支艦隊的武器對付它，讓人望而生畏。

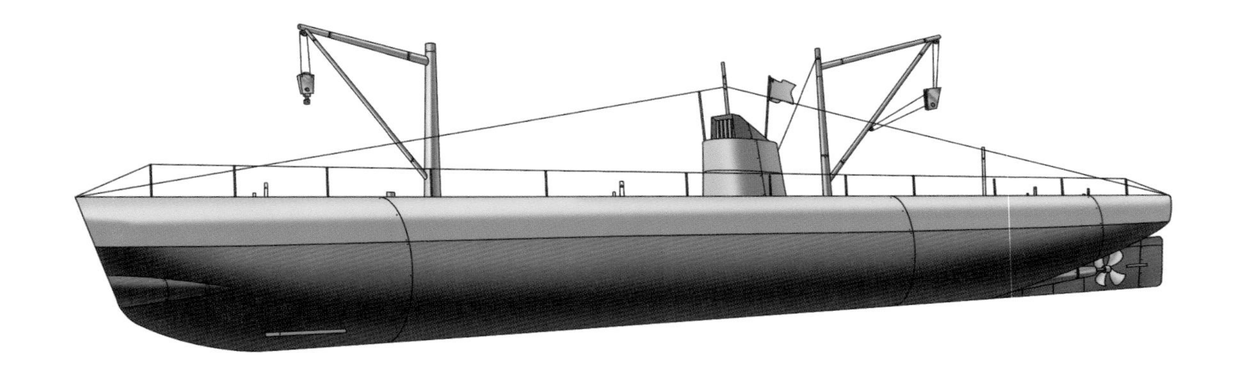

德意志號潛艇

德意志號潛艇是德國於1916年建造的商業貨運潛艇。為了偷偷越過協約國的海上封鎖線，與美國進行貿易，德意志號開闢了水底運輸線。在美國對德國宣戰前，德意志號曾到達美國二次，將橡膠、鎳及其他高價值貨物運回德國。該潛艦最終被英國繳獲，於1922年報廢。

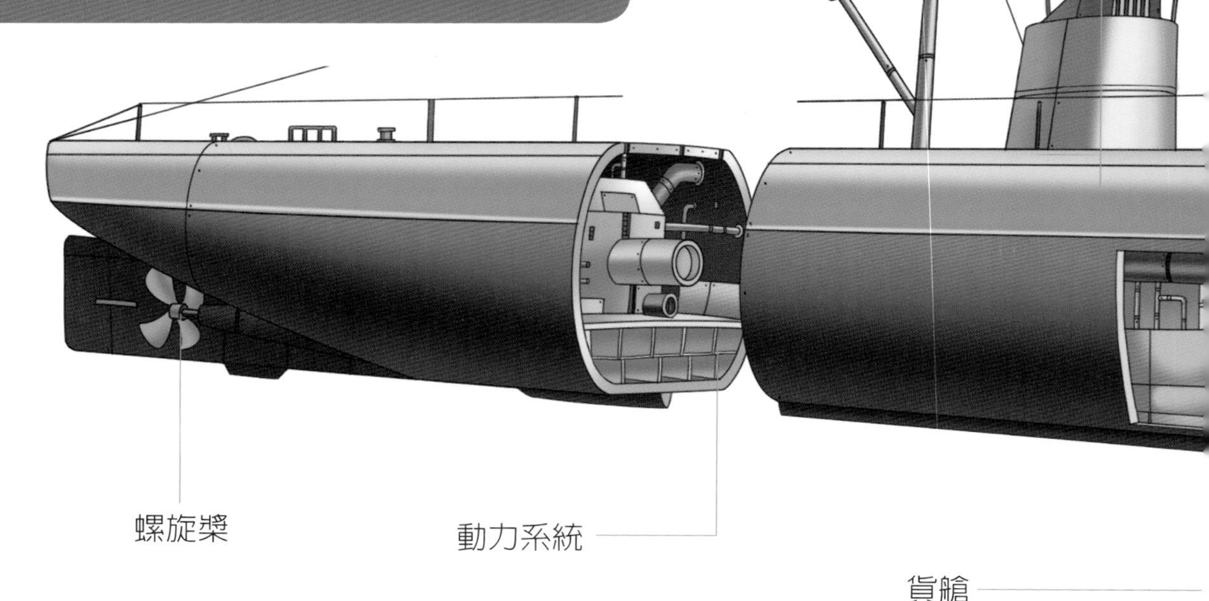

貨艙

貨艙可以載重700噸的貨物。運載的貨物通常包括化學染料、藥品、鎳、橡膠、鋅、銅和銀等。

控制室

德意志號將指揮塔安裝在控制
較低的位置，而且潛望鏡也安裝
控制室內，有利於潛艇員及時得
四周環境，做出相應的指揮。

獨特的雙層船體

德意志號的一大特點是採用了雙層船體設計，牢固性提高，兩層船體都設有貨艙。

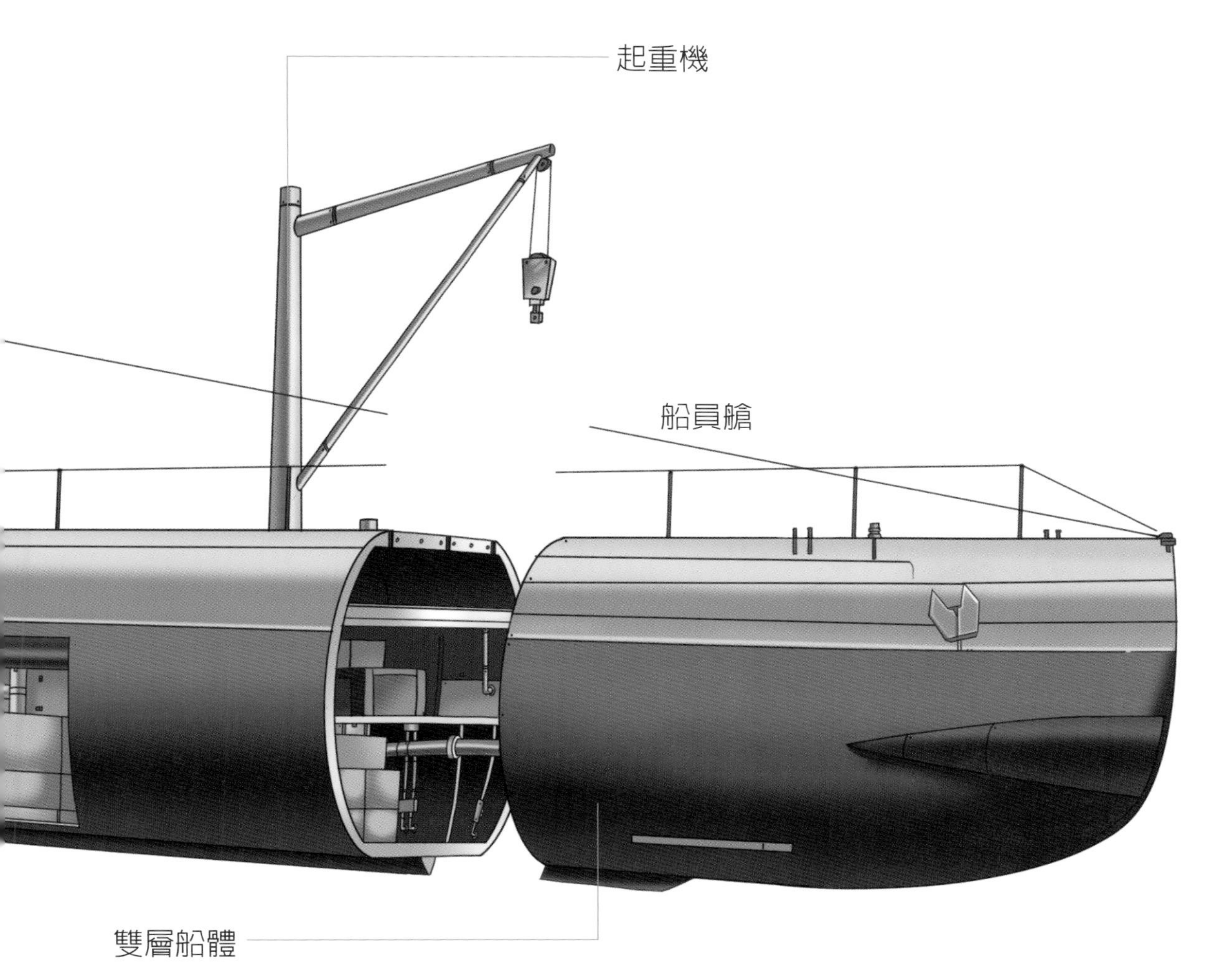

起重機

德意志號還有起重機，可用來裝卸貨物。

維多利亞級常規潛艦

「維多利亞」級潛艦，原為「擁護者」級潛艦，共四艘，是新型常規攻擊型潛艦，於上世紀七〇年代末由英國維克斯造船與工程有限公司建造完成。儘管性能優越，但剛列裝不久，即面臨淘汰的命運。1998年，加拿大政府低價購入，並進行改裝，命名為「維多利亞」級潛艦，進入加拿大皇家海軍服役。

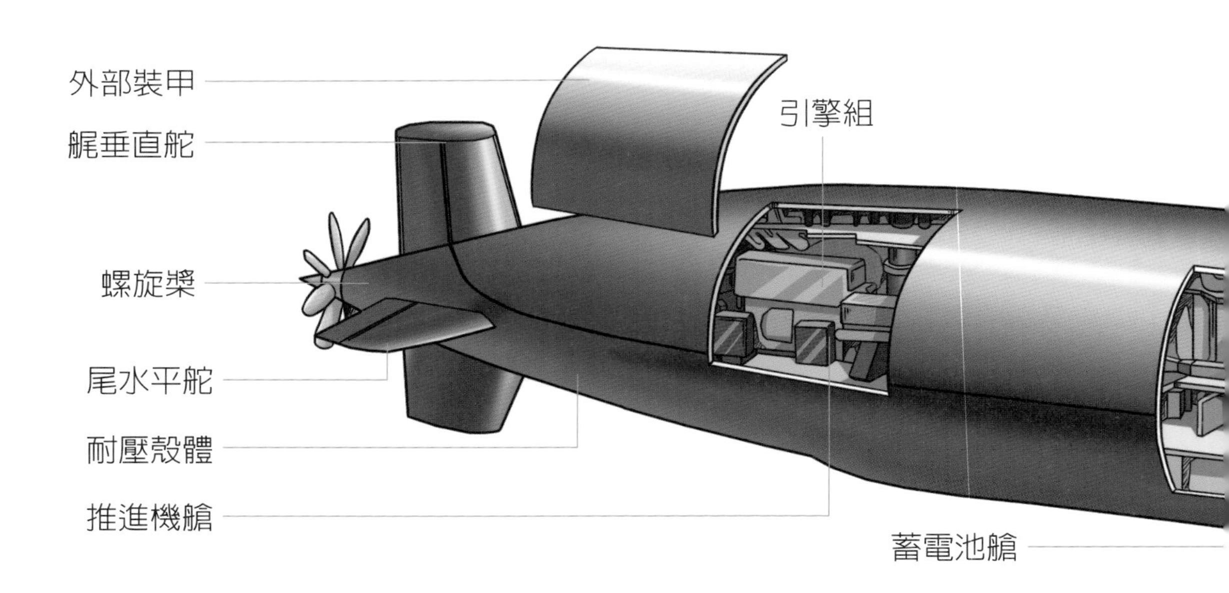

 水滴形艦身

採用高張力鋼製成單艦殼，為減小阻力、提高潛航速度，艦身採用水滴設計。此外，艦身的長寬比例協調，壓力殼直徑較大，因此艦內兩層甲板都很寬敞。

2 首次使用新型引擎

維多利亞號採用兩具帕克斯曼維倫塔柴
引擎，動力好且省油，是第一艘使用此種
擎的潛艦。

優異的潛航深度

維多利亞潛艦具有優異的潛航深度，可達200公尺，再加上艦身結構為高張力鋼，使得潛航深度增加了百分之五十。

4 三個水密隔艙間

壓力殼內分成三個水密隔艙間，推進器室和引擎室設置在後段隔艙，引擎室位於推進器室的前方，兩者之間用隔音艙隔開，緊湊又合理。

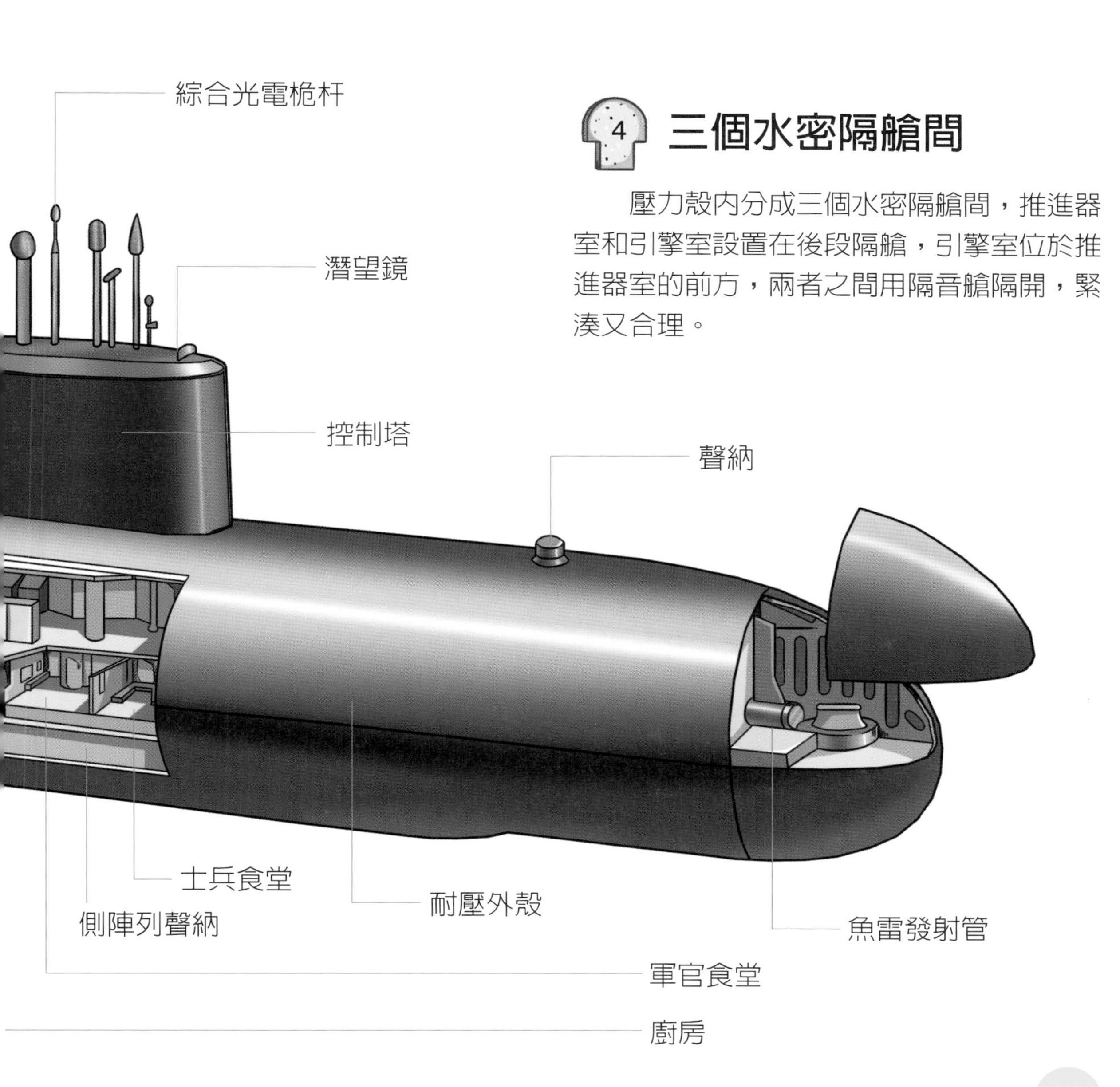

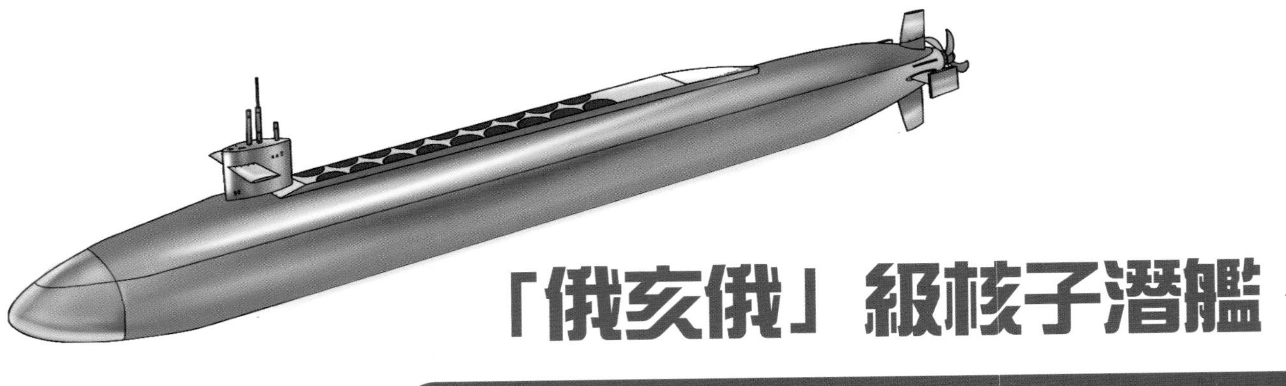

「俄亥俄」級核子潛艦

俄亥俄級核子潛艦於1976年開始建造，共有18艘服役於美國海軍。其武裝力量比較強悍，前八艘配備三叉戟C-4彈道飛彈，動力推進系統強大，射程達7,400公里。從第九艘開始，配備D-5三叉戟 II 型洲際飛彈，威力更加強悍，成為美國海軍非常重要的戰略彈道飛彈核子潛艦。

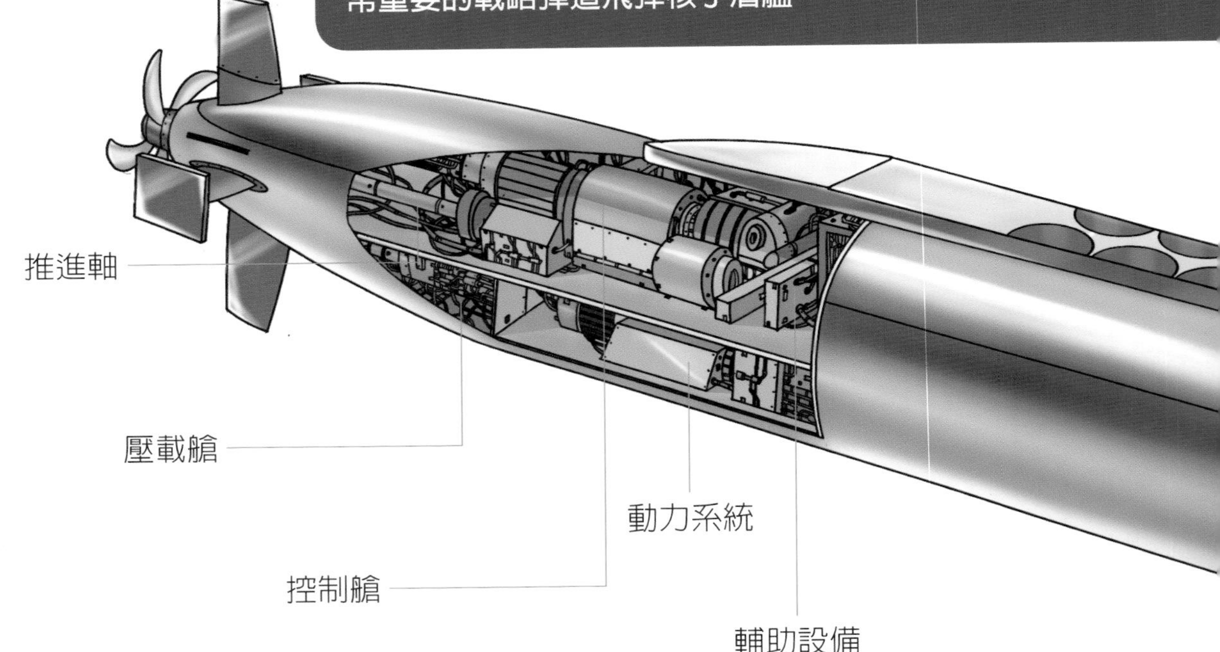

淚滴流線型艦殼設計

外觀猶如圓柱形的淚滴，整體呈流線型，指揮臺較小、很扁，上面有一對平衡翼，這種設計大大減少了水的阻力，提高了行進速度。

極佳的靜音特性

突出特點之一，是具有極佳的靜音特性。輪機設備安裝在減震浮筏上，且擁有兩組蒸汽渦輪系統，一組用於高速行駛，一組為渦輪導氣驅動系統，用於低速行駛，均具有非常好的靜音效果。

3 魚雷發射管

艦首兩側共配備四門533公釐魚雷發射管，並採用渦輪氣壓泵魚雷發射系統，通過一組高壓氣體驅動的渦輪泵，抽取海水注入發射管，發射時加壓魚雷管內的海水，把武器打出去。這種技術在當時非常先進。

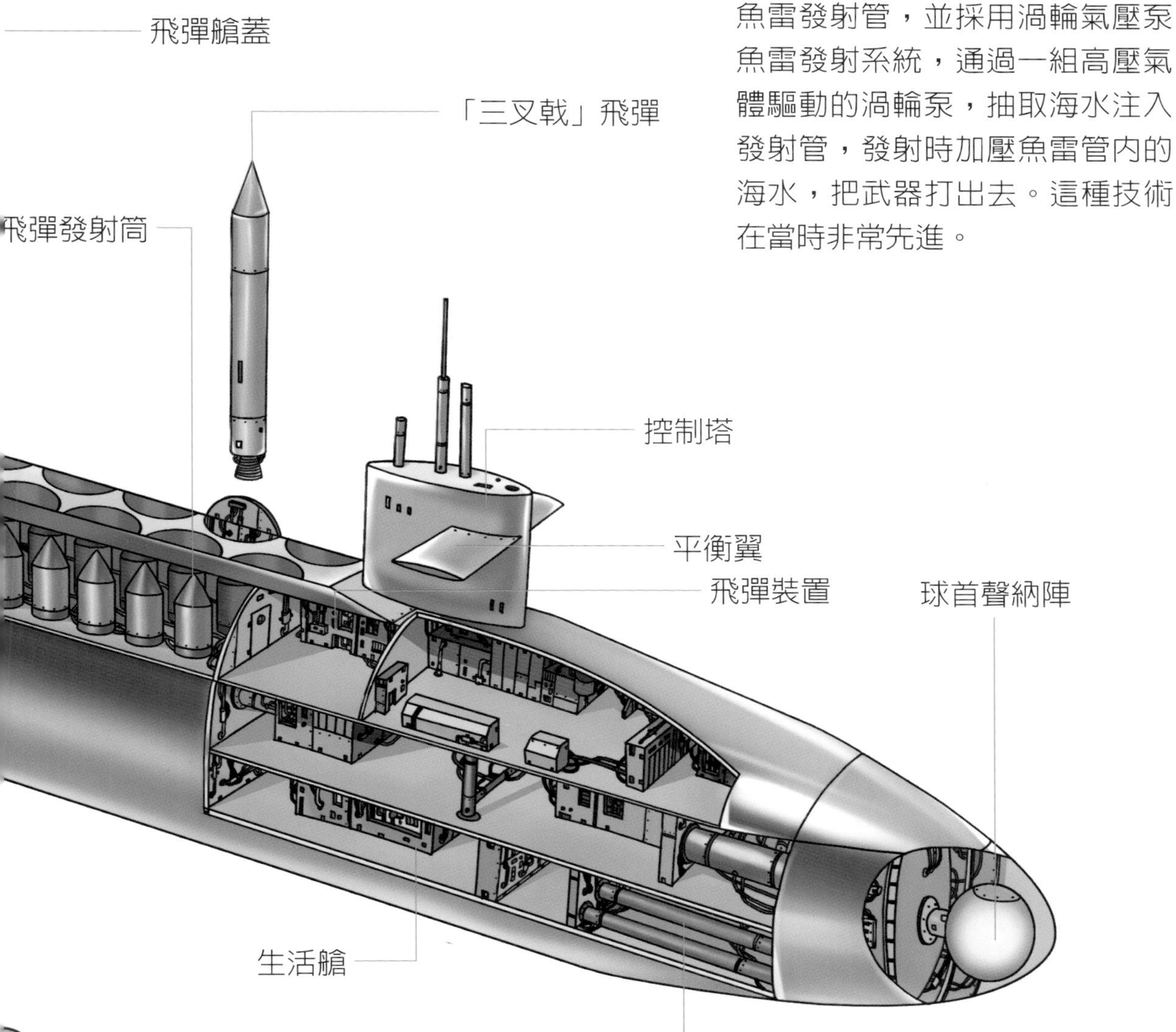

4 大球形聲納系統

聲納系統為非常獨特的大球形狀，安裝艦首，正因如此，魚雷管的安裝位置就被刂艦身的底側。

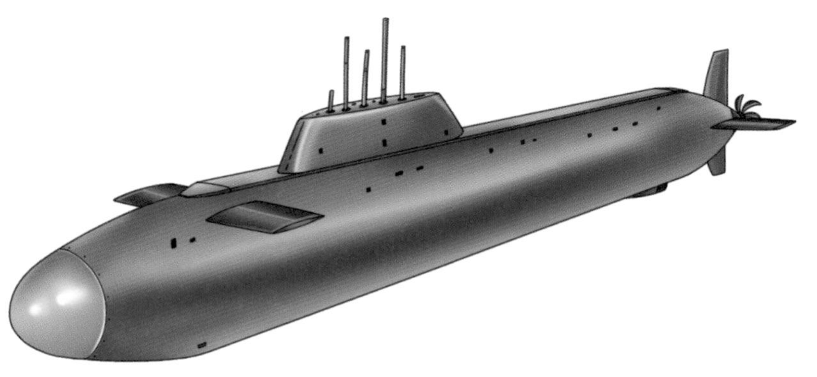

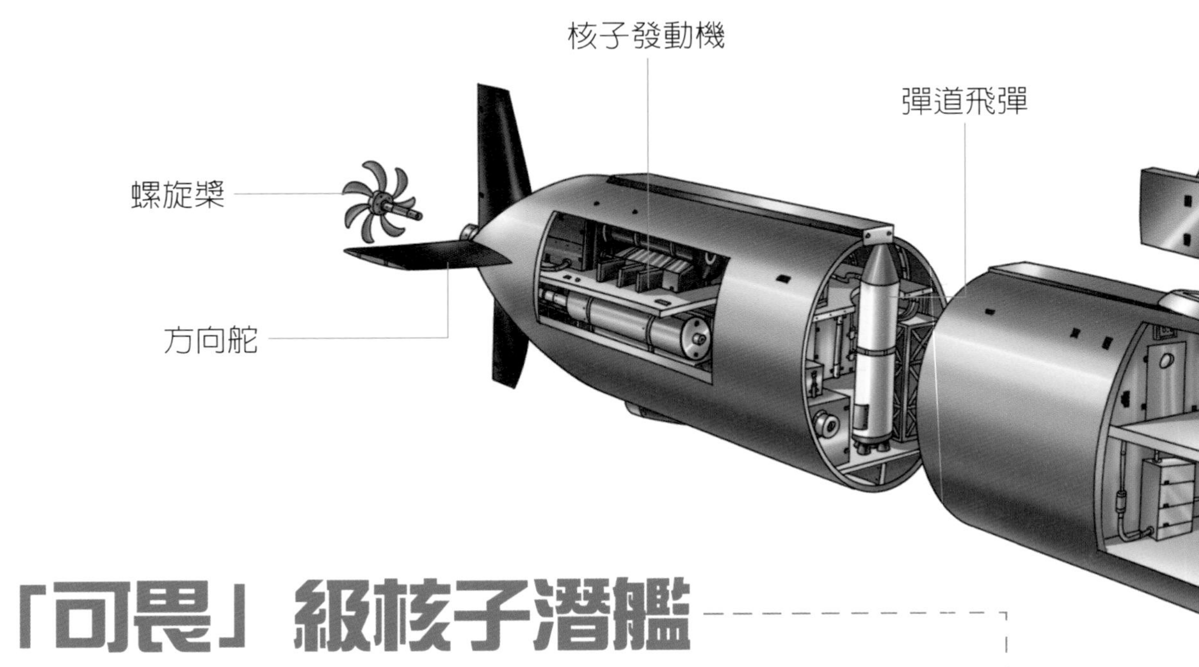

「可畏」級核子潛艦

可畏級核子潛艦是最早採用核反應爐為動力來源的潛艦，第一艘可畏號於1967年下水，可潛入水下200公尺，水下的航速約為37公里／時，水下續航能力非常強，可達20萬海里，它的生產和操作成本都非常高，因此基本上都為軍用。

 水滴型

艦身近似於水滴狀，身材纖細，配上尾部的螺旋槳，看起來就像一條在水中穿梭自如的魚。

核子彈頭

有潛射彈道飛彈及魚雷發射管。其改良型M20還擁有一枚核子彈頭，威力相當於120萬噸黃色炸藥，射程可達1,900海里，威力驚人。

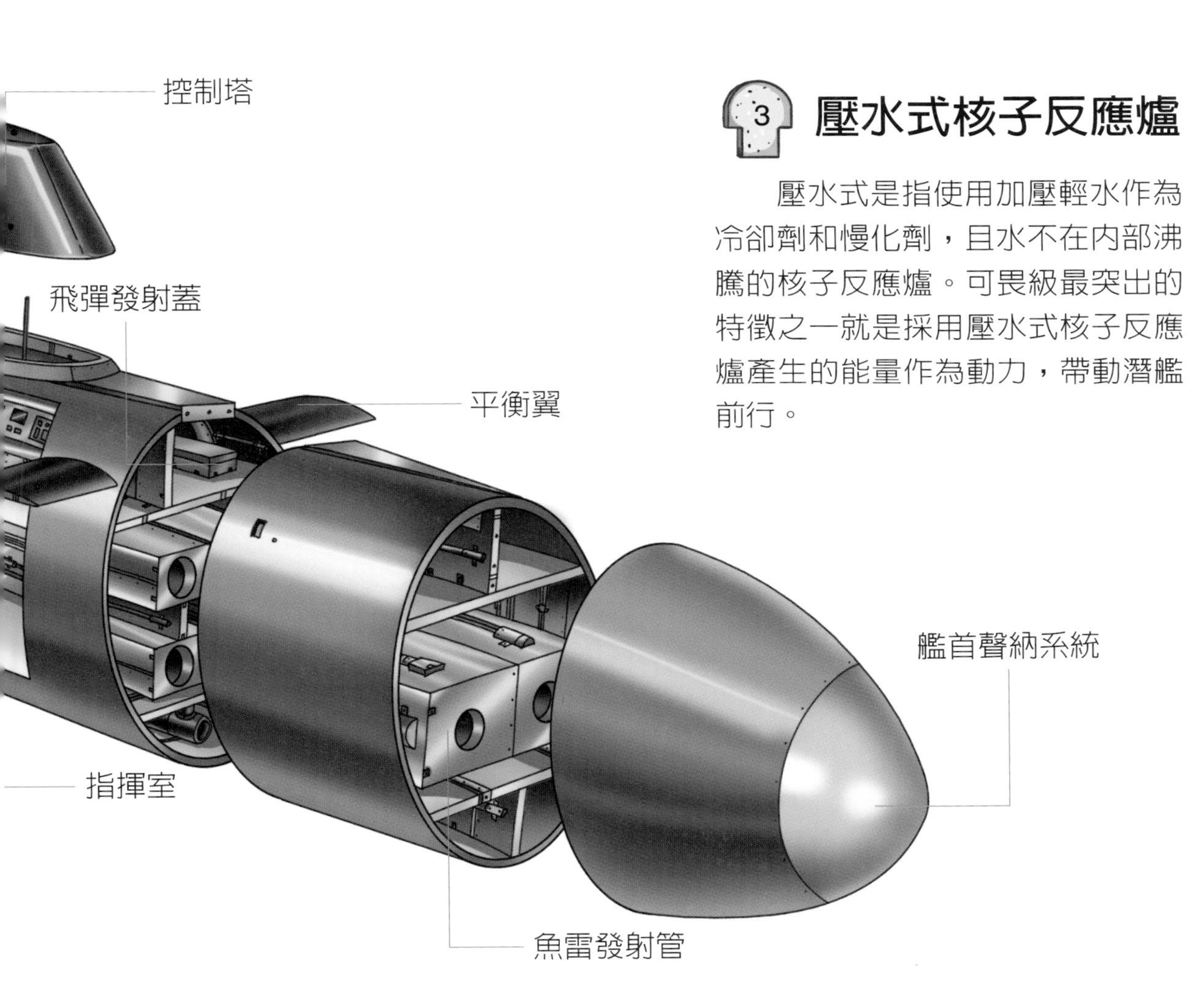

3 壓水式核子反應爐

壓水式是指使用加壓輕水作為冷卻劑和慢化劑，且水不在內部沸騰的核子反應爐。可畏級最突出的特徵之一就是採用壓水式核子反應爐產生的能量作為動力，帶動潛艦前行。

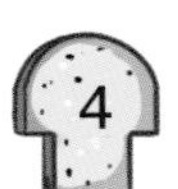

兩組艦員

艦員分成藍組和紅組，兩組輪流出海，每次出海時間約為55～70天，然後休假5～6週，休假期間要進行培訓，為下次出海做準備。

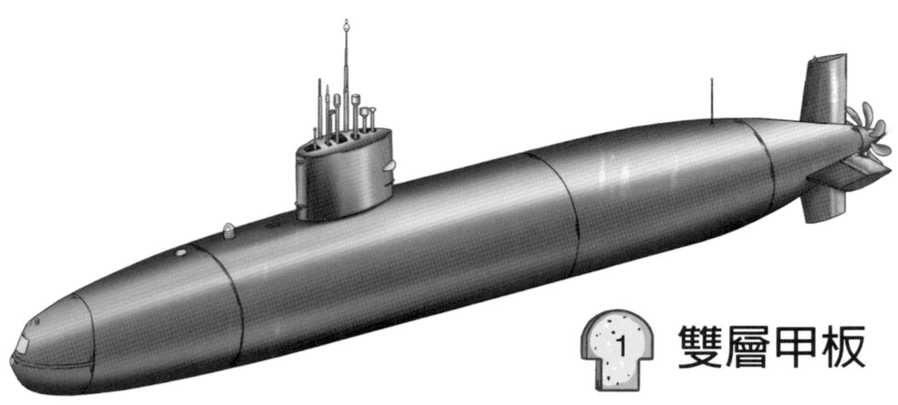

1 雙層甲板

設置了兩層連續的甲板，使得貫穿全艦的電纜設備只在指揮艙中設置一個中心通道和各類介面，無需貫穿整個指揮艙，方便進行安裝和維修。

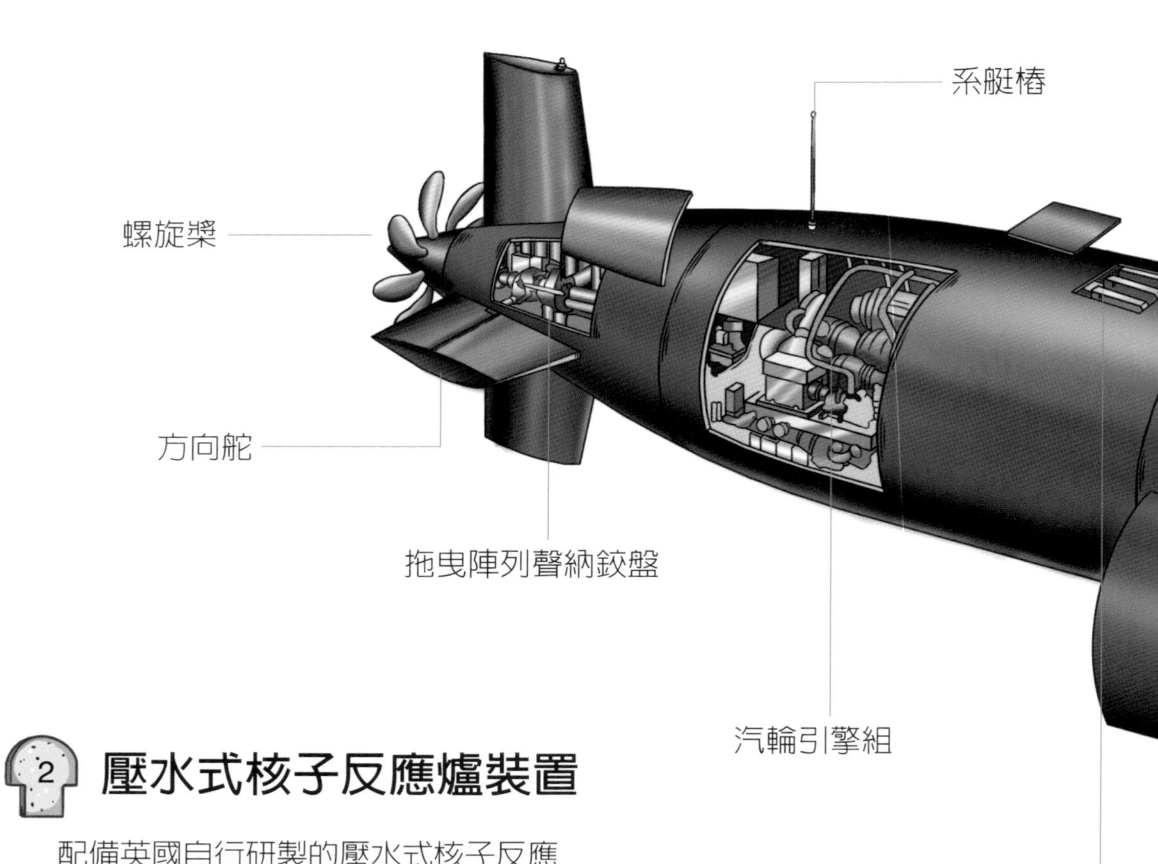

2 壓水式核子反應爐裝置

配備英國自行研製的壓水式核子反應爐，壽命可達7～12年。

「特拉法加」號核子潛艦

特拉法加級核子潛艦是英國第三代核子攻擊潛艦，它於1981年加入英國皇家海軍，最早誕生的特拉法加級核子潛艦就是1979年4月開始建造的「特拉法加」號核子潛艦。到1991年，共建造並服役了7艘，成為英國核子攻擊潛艦部隊的重要力量。

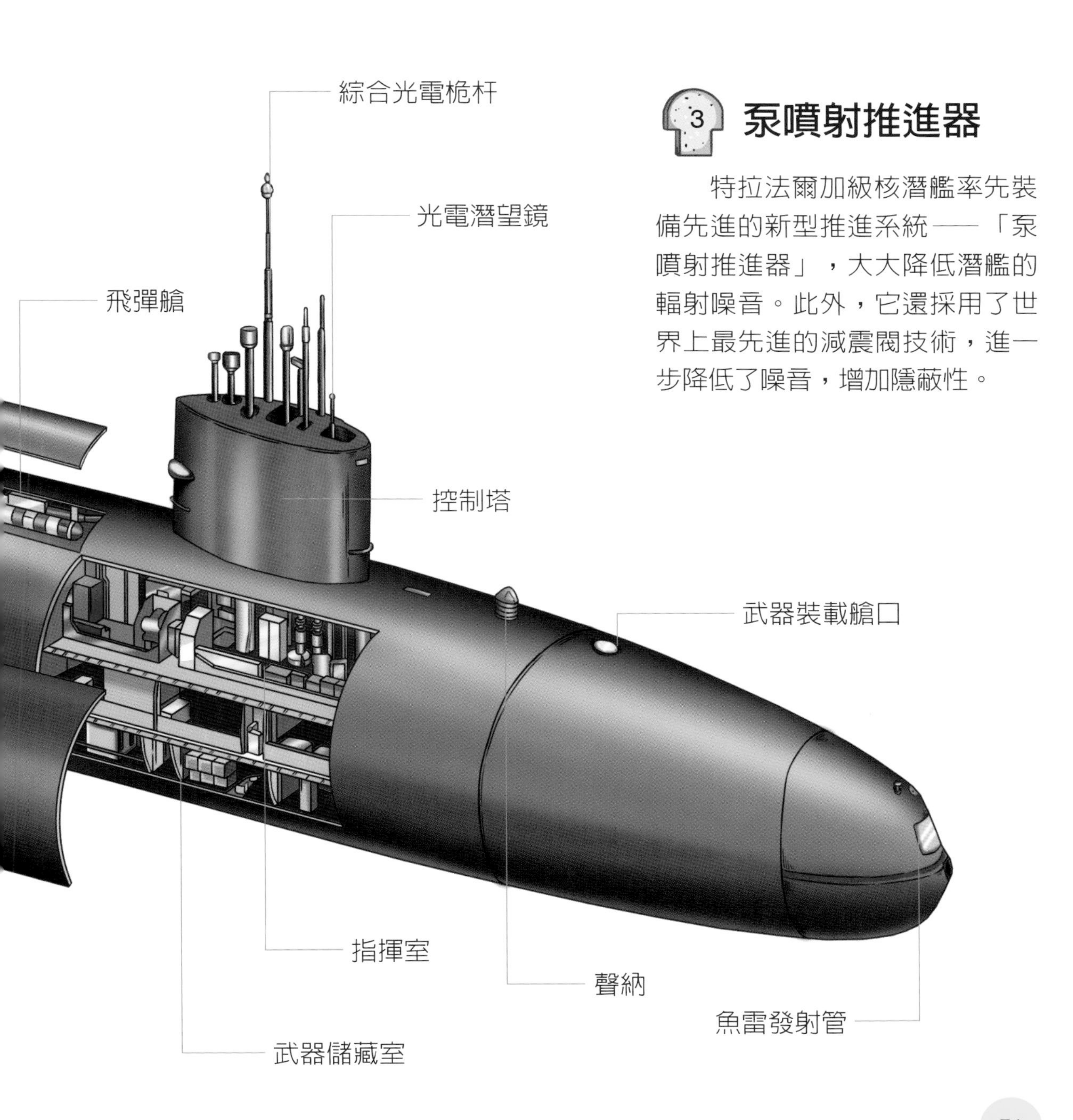

3 泵噴射推進器

特拉法爾加級核潛艦率先裝備先進的新型推進系統——「泵噴射推進器」，大大降低潛艦的輻射噪音。此外，它還採用了世界上最先進的減震閥技術，進一步降低了噪音，增加隱蔽性。

「紅寶石」號核子潛艦

「紅寶石」級核子潛艦是法國於1976年開始建造的第一級核子攻擊潛艦。它是世界上最小的核子攻擊潛艦，因此，又被稱為「袖珍潛艦」。共有6艘，第一艘即為紅寶石號，於1983年2月開始正式服役。

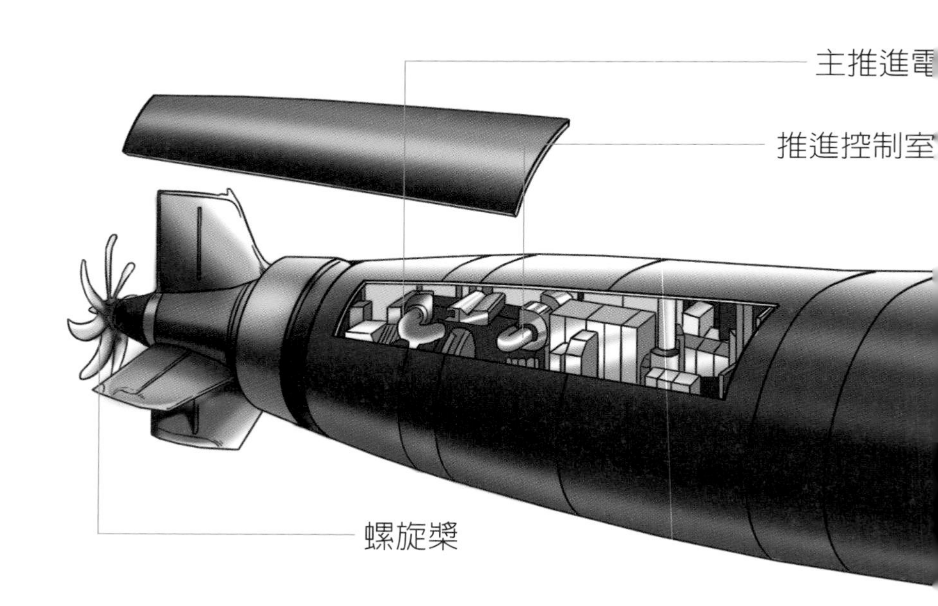

「積木式」的設計

採用「積木式」的一體化設計，即反應爐的壓力殼、蒸汽發生器和主泵聯結為一個整體，反應爐的所有部件均為一個完整的結合體，使得反應爐具有結構緊湊、系統簡單、體積小、重量輕、可提高軸功率等優點。

2 身材袖珍

最突出的特點就是體型非常小，排水不到3,000噸，可以在淺水區工作和行

3 電力推進方式

採用電力推進方式行進，可以大大降低輻射雜訊。

4 爐芯壽命長

動力裝置採用一體化反應爐，功率可達48兆瓦，壽命比一般的反應爐長，可達25年。

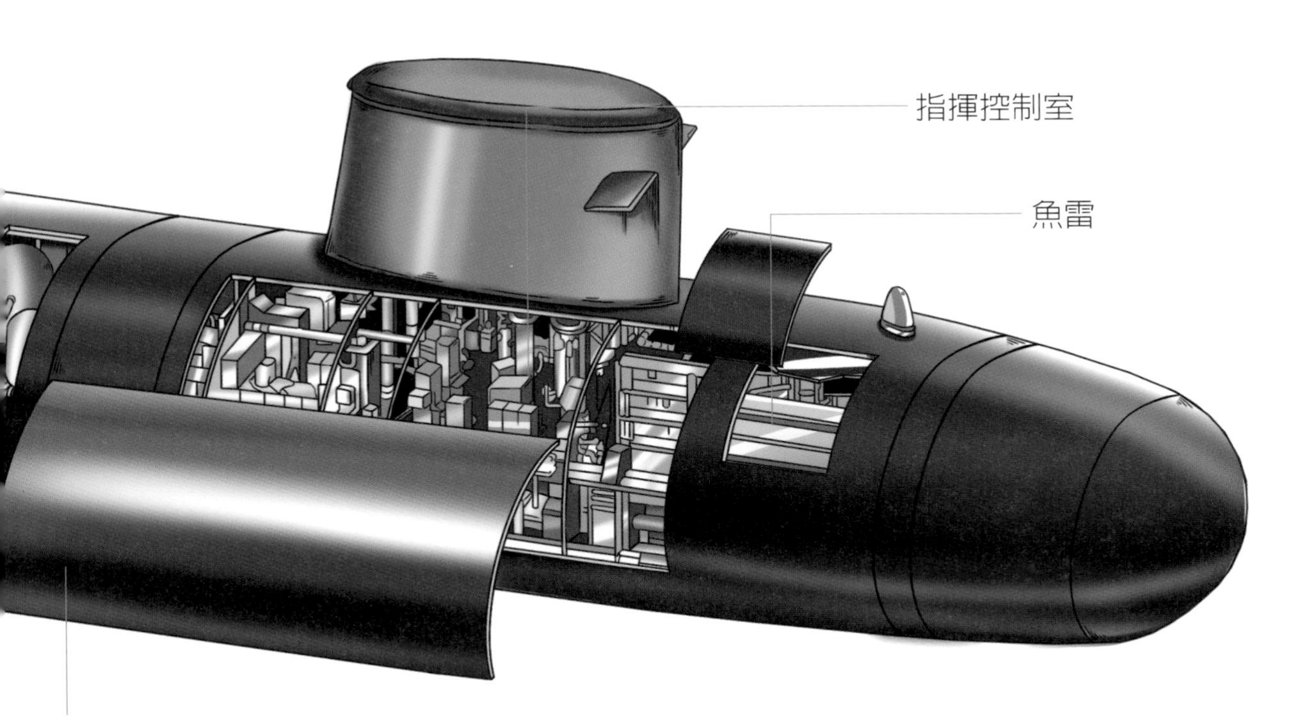

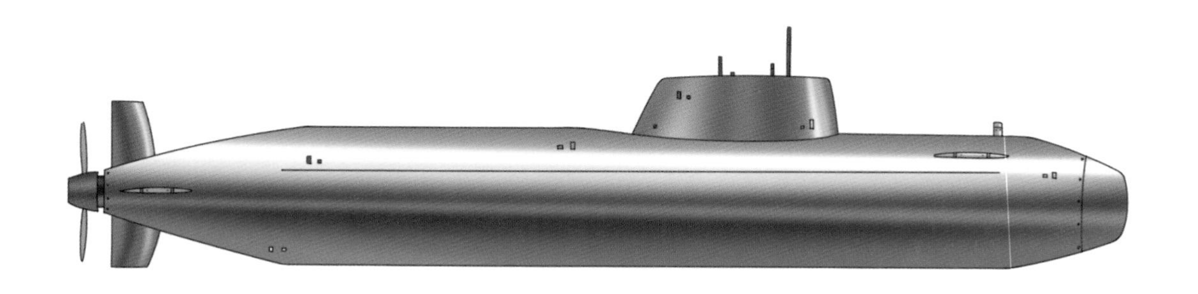

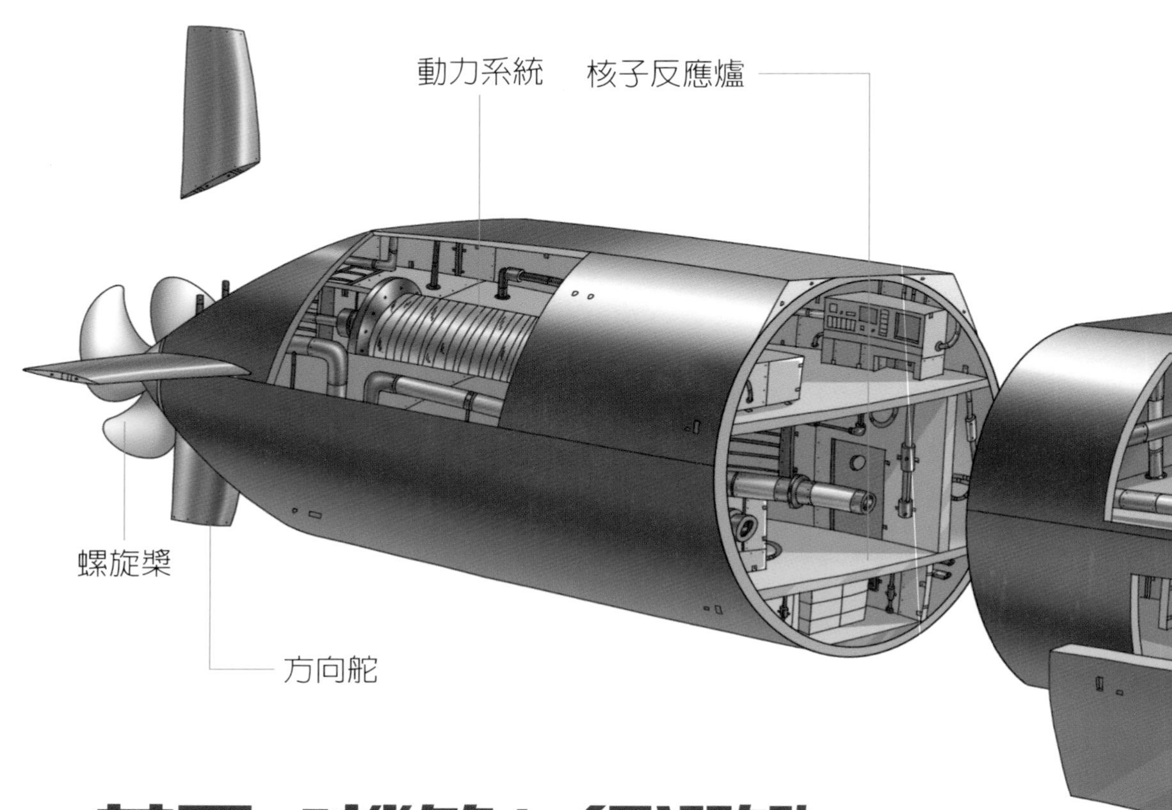

英國「機敏」級潛艦

機敏級核子攻擊潛艦是英國皇家海軍隸屬的最新一級戰略攻擊核子潛艦，它由英國BAE System集團建造，於2001年正式服役。它的性能優異，採用了很多先進科技，目前已經建造了兩艘，還有四艘正在建造，計畫建造七艘。未來建造的機敏級潛艦還計畫配備水下遙控無人機敏級載具、研擬中的FOSM計畫的光纖以及目視導引短程多用途飛彈武器系統等新型裝備。

1 抹香鯨型的艦體

艦體非常獨特，形狀與抹香鯨極為相似。艦體細部
骨簡潔，帆罩為向上漸縮型，降低了航行時產生的噪
叩阻力。

艦體表面還敷設了可以隔絕本身噪音並降低敵方主
聲納回波的隔音瓦，大大增強了隱蔽性。

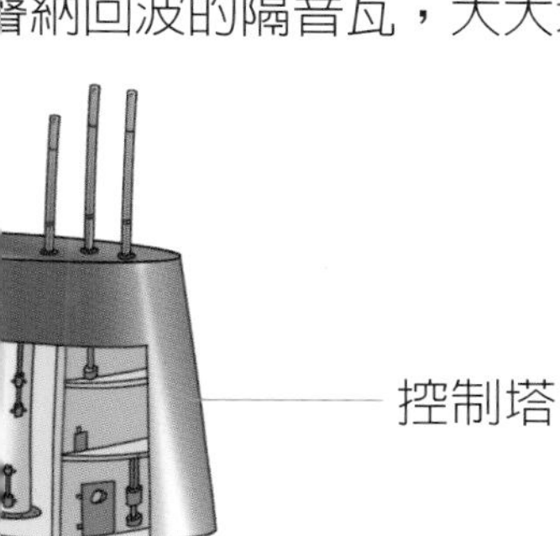

全數位化船艦操控管理系統

配備了新型全數位化船艦操控管理系統，可以管理操縱、航行、深度控制船艦各系統等，自動化程度非常高，因此僅需編制97名人員。

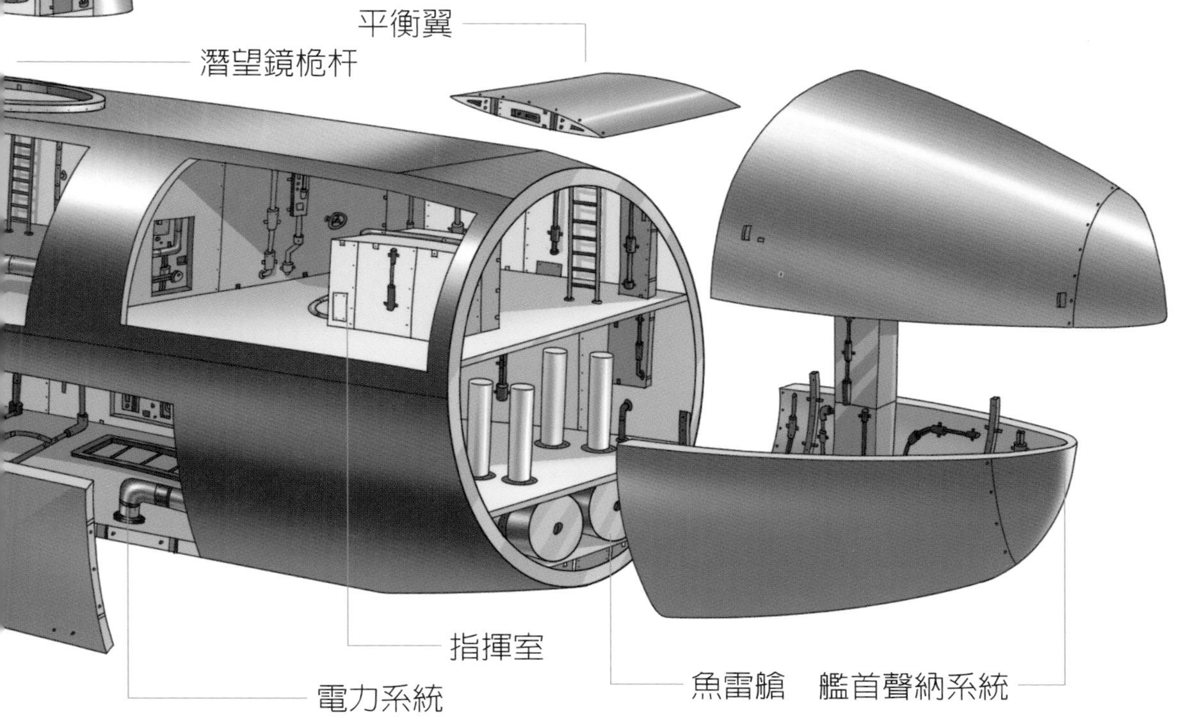

武裝裝備強大

配備的武器比之前的英國攻擊潛艦
，不僅有6具533公釐魚雷，魚雷艙的
載量還增加為30件武器，總共能攜帶
件武器。

外部制動設計

所有的控制面都採用外部制動設計，可大幅度減少需要穿過壓力殼的機械系統，還大大簡化了艦尾控制面的構造。

孩子的心中總是有著各式各樣的疑問，

這些問題，常讓您不知如何回答嗎？

別擔心，現在就讓小小科學家

來幫您解答吧！

小小科學家1
神奇的人體

書號：3DH3
ISBN：978-986-121-943-1

小小科學家2
頑皮的空氣

書號：3DH4
ISBN：978-986-121-947-9

小小科學家3
歡悅的聲音

書號：3DH5
ISBN：978-986-121-963-9

小小科學家4
千奇百怪的力

書號：3DH6
ISBN：978-986-121-962-2

國立台北教育大學附設實驗國民小學
陳美卿、張淑惠老師 審定、推薦

每套原價960元
特價880元

《小小科學家》這套書可幫助你提高手腦並用的能力，以圖文並茂的方式講述科學小故事，各式各樣的生活科學知識，動手解決問題，培養學以致用的態度與精神，一同探索科學的奧祕，分享學習科學的無限樂趣。

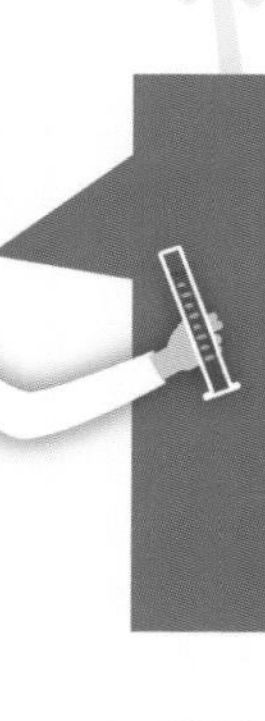

最精采豐富的科學知識

盡在 閱讀科普 系列！

伴熊逐夢－
台灣黑熊與我的故事
作者：楊吉宗　繪者：潘守誠
ISBN：978-957-11-7660-4
書號：5A81
定價：300元

毒家報導－
揭露新聞中與生活有關的化學常
作者：高憲明
ISBN：978-957-11-8218-6
書號：5BF7
定價：380元

棒球物理大聯盟：
王建民也要會的物理學
作者：李中傑
ISBN：978-957-11-8793-8
書號：5A94
定價：400元

基改食品免驚啦！
作者：林基興
ISBN：978-957-11-8206-3
書號：5P21
定價：400元

3D列印決勝未來（附光碟）
作者：蘇英嘉
ISBN：978-957-11-7655-0
書號：5A97
定價：500元

你沒看過的數學
作者：吳作樂、吳秉翰
ISBN：978-957-11-8698-6
書號：5Q38
定價：400元

核能關鍵報告
作者：陳發林
ISBN：978-957-11-7760-1
書號：5A98
定價：280元

看見台灣里山
作者：劉淑惠
ISBN：978-957-11-8488-3
書號：5T19
定價：480元

當快樂腳不再快樂－
認識全球暖化
作者：汪中和
ISBN：978-957-11-6701-5
書號：5BF6
定價：240元

工程業的宏觀與微觀
作者：胡僑華
ISBN：978-957-11-8847-8
書號：5T24
定價：480元

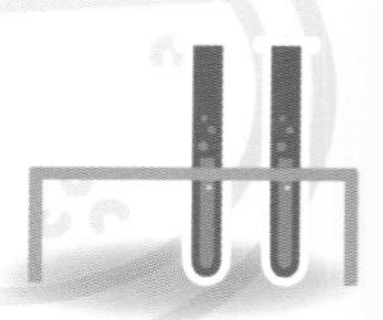

國家圖書館出版品預行編目(CIP)資料

科技大透視4：超級戰艦／紙上魔方編繪.
——二版.——臺北市：五南，2020.09
面；　公分
ISBN 978-986-522-123-2（平裝）

1.科學技術 2.軍鑑 3.通俗作品

400　　109009374

ZC04

科技大透視4：超級戰艦

編　　繪— 紙上魔方
發 行 人— 楊榮川
總 經 理— 楊士清
總 編 輯— 楊秀麗
主　　編— 王正華
責任編輯— 金明芬
封面設計— 王麗娟
出 版 者— 五南圖書出版股份有限公司
地　　址：106台北市大安區和平東路二段339號4樓
電　　話：(02)2705-5066　　傳　　真：(02)2706-6100
網　　址：http://www.wunan.com.tw
電子郵件：wunan@wunan.com.tw
劃撥帳號：01068953
戶　　名：五南圖書出版股份有限公司
法律顧問　林勝安律師事務所　林勝安律師
出版日期　2017年5月初版一刷
　　　　　2020年9月二版一刷
定　　價　新臺幣180元

※版權所有·欲利用本書內容，必須徵求本公司同意※

全新官方臉書

五南讀書趣

WUNAN Books since1966

Facebook 按讚

1 秒變文青

★ 專業實用有趣
★ 搶先書籍開箱
★ 獨家優惠好康

不定期舉辦抽獎
贈書活動喔！！！

五南讀書趣 Wunan Books

經典永恆·名著常在

五十週年的獻禮——經典名著文庫

五南，五十年了，半個世紀，人生旅程的一大半，走過來了。
思索著，邁向百年的未來歷程，能為知識界、文化學術界作些什麼？
在速食文化的生態下，有什麼值得讓人雋永品味的？

歷代經典·當今名著，經過時間的洗禮，千錘百鍊，流傳至今，光芒耀人；
不僅使我們能領悟前人的智慧，同時也增深加廣我們思考的深度與視野。
我們決心投入巨資，有計畫的系統梳選，成立「經典名著文庫」，
希望收入古今中外思想性的、充滿睿智與獨見的經典、名著。
這是一項理想性的、永續性的巨大出版工程。
不在意讀者的眾寡，只考慮它的學術價值，力求完整展現先哲思想的軌跡；
為知識界開啟一片智慧之窗，營造一座百花綻放的世界文明公園，
任君遨遊、取菁吸蜜、嘉惠學子！